3D Druck ohne Vorkenntnisse

in 7 Tagen zum ersten 3D Druck:
Ideen verwirklichen – ohne technisches Know-How

Benjamin Spahic

Impressum:

PBD Verlag

Autor: Benjamin Spahic

Anschrift:

Benjamin Spahic

Konradin-Kreutzer-Str. 12

76684 Östringen

Lektor: Oliver Nova

Cover: Kim Nusko

ISBN Taschenbuch: 978-1082325519

ISBN Hardcover: 9798378127757

E-Mail: BenjaminSpahic@pbd-verlag.de

LinkedIn: Benjamin Spahic

3D Druck ohne Vorkenntnisse

Ersterscheinung 26.03.2019

Vertrieb durch kindledirectpublishing

Amazon Media EU S.à r.l., 5 Rue Plaetis, L-2338, Luxembourg

Disclaimer

Dieser Ratgeber wurde nach bestem Wissen und Gewissen verfasst, jedoch können trotz mehrfacher Durchsicht Unklarheiten oder Irrtümer nicht vollkommen ausgeschlossen werden.

Daher kann keinerlei Gewähr für die Aktualität, Korrektheit, Vollständigkeit oder Qualität der bereitgestellten Informationen übernommen werden. Haftungsansprüche gegen den Verfasser, welche sich auf Schäden materieller oder ideeller Art beziehen, die durch die Nutzung der dargebotenen Informationen bzw. durch die Nutzung fehlerhafter und unvollständiger Informationen verursacht wurden, sind ausgeschlossen. Alle Aussagen entsprechen der subjektiven Meinung des Autors.

Bei konstruktiver Kritik, Vorschlägen für weitere Kapitel, Änderungen oder Fehlerkorrektur nehmen Sie bitte umgehend Kontakt über die E-Mail-Adresse im Impressum auf.

Inhalt

Vorwort

Die Faszination 3D-Druck ist in den letzten Jahren auch im Mainstream der Gesellschaft angekommen. Während man früher tausende Euro für einen halbwegs vernünftigen 3D-Drucker ausgeben musste, sind 3D-Drucker heute dank höherer Stückzahlen und fortschreitender Technik auch für „Otto-Normalverbraucher“ erschwinglich geworden.
Außerdem ist es schon lange keine Grundvoraussetzung mehr, Maschinenbau oder Elektrotechnik studiert haben zu müssen, um die Funktionsweise eines 3D-Druckers zu verstehen. Viele Hobbybastler interessieren sich für das Thema 3D-Druck, jedoch ist es mit dem Kauf eines Druckers allein nicht getan. Vor allem in der Anfangszeit muss man viele Rückschläge und missglückte Druckversuche hinnehmen, bevor man die gewünschte Druckqualität erreicht. Ohne Vorkenntnisse forstet man sich durch viele Foren oder Facebook-Gruppen und Hilfeseiten, und hat nach und nach alle essenziellen Fähigkeiten im Selbststudium adaptiert – das kann Jahre dauern.
Damit der Einstieg schnell gelingt und man keine wertvolle Zeit verliert, entstand diese 3D-Druck „Quick-Guideline“. So kann man schnellstmöglich Fehler beheben und in die Materie 3D-Druck eintauchen. Getreu dem Motto ‘die Fehler, die bereits ein anderer gemacht hat, muss man nicht selbst machen‘. So werden persönlichen Erfahrungen und technische Hintergrundinformationen als Kompaktpaket weitergegeben.
Dieses Buch mag als Leitfaden für die ersten Schritte dienen, sodass man ohne jegliche Vorkenntnisse schnellstmöglich in die Materie „3D-Druck“ einsteigen kann. Nachdem dieses Buch gelesen wurde, wird man zunächst in der Lage sein, seine ersten 3D-Modelle zu drucken, alle Einstellungen und Funktionsweisen zu verstehen und Fehler beim 3D-Druck zu erkennen und zu kompensieren. Zunächst muss man die generellen Abläufe der technischen Maschine ‘3D Drucker‘ verstehen.

1. Verschiedene Funktionsarten von 3D-Druckern

3D-Drucker gibt es schon wesentlich länger als man vermuten mag. Bereits 1981 veröffentlichte Hideo Kodama in Japan einen Bericht über ein additives Fertigungsverfahren – der Vorreiter des heutigen 3D-Drucks.

Heutzutage gibt es viele verschiedene Arten von 3D-Druckern, die in Aufbau, Wirkungsweise sowie Bedienung sehr unterschiedlich ausfallen können. Bei den meisten ist die grundlegende Idee jedoch dieselbe. Das zu bearbeitende Material wird nach und nach aufgetragen, verbindet sich mit dem bereits vorhandenen Material und „aus dem Nichts“ (man spricht auch von additivem 3D-Druck) wird das Modell erzeugt.

Im Gegensatz dazu gibt es auch das subtraktive Fertigungsverfahren, bei dem Material weggenommen wird. Beispielsweise wenn aus einem Metallblock ein Objekt gefräst wird.

Abbildung 1 Additiver 3D Druck von Beton

Heutzutage kann man nahezu jedes Material verarbeiten – egal ob Kunststoffe, Harze, Glas, Metall, sogar Schokolade, oder Biomasse wie organisches Gewebe. Beinahe alles kann dreidimensional gedruckt werden. Die gängigsten 3D-Materialien bilden thermoplastische Kunststoffe wie PLA, das aus Maisstärke hergestellt wird, oder ABS, das unter anderem auch für Steckdosen, Spielzeug (LEGO) oder in der Automobilindustrie verwendet wird.

Weiterhin gibt es auch Werkstoffe wie PETG, eine abgewandelte Form von PET, das man von Plastik-Getränkeflaschen kennt, oder flexible Kunststoffe wie thermoplastische Polyurethane (kurz TPU), und sogar das als Kunstfaser bekannte Nylon.
Meistens wird das als Granulat dieser Werkstoffe vorliegende Material eingeschmolzen und als dünner Faden, sogenanntes Filament mit 1,75 mm bis 3 mm im Durchmesser, zu Rollen verarbeitet. Mehr zu den einzelnen Filamenttypen mit Vor- und Nachteilen wird später im Kapitel „Filamenttypen" näher behandelt.
Die heutzutage mit Abstand am weitesten verbreitete Verarbeitungsform dieser Filamente ist der sogenannte Schmelzschichtdruck, engl. Fused Deposition Modeling oder auch Fused Layer Modeling (FDM/FLM). Dieser ist für den Einstieg am besten geeignet. Dabei wird der Werkstoff über den Schmelzpunkt erhitzt, sodass 3D-Objekt Schicht für Schicht aufgebaut.

FDM 3D-Druck ist die bewährteste 3D Druck Methode, sowohl in der Industrie als auch im privaten Sektor

Andere Verfahren sind zum Beispiel Stereolithografie (SLA), das durch intensives UV-Licht Harze zum Aushärten bringt und dadurch ein Objekt erzeugt, oder Laser 3D-Druck, bei dem Metallpulver kurzzeitig geschmolzen und wieder abgekühlt wird.
SLA-Drucker sind seit einigen Jahren auch für Privatpersonen immer erschwinglicher geworden und gewinnen – vor allem für sehr detaillierte Anwendungen wie Modellbau – immer mehr an Beliebtheit. Jedoch ist das zu verarbeitende Material zumeist ein Kunstharz, das ätzend reagiert und daher nur mit Mundschutz und Handschuhen verarbeitet werden sollte. Daher ist es nicht anfängerfreundlich.
Deshalb widmet sich dieser Ratgeber dem einfachsten und weitverbreitetsten Prinzip, dem FDM-Druck – also dem Verfahren des

Schmelzschichtdruckers. Diese 3D-Drucker sind preislich am erschwinglichsten und genießen die größte Popularität erreicht. Wenn Schwierigkeiten auftreten, gibt es hunderte Personen, die bereits dasselbe Problem hatten. Innerhalb der FDM-Drucker gibt es wiederum die Unterscheidung zwischen „kartesischen 3D-Druckern", „Polar 3D-Druckern" und „Delta 3D-Druckern".

1.1 Kartesische 3D-Drucker:

Die kartesischen 3D-Drucker sind mit Abstand am weitesten verbreitet, da sie sehr leicht zu fertigen, warten und programmieren sind. Dadurch haben sie sich in der breiten Masse durchgesetzt, was wiederum die Herstellungskosten reduzierte.

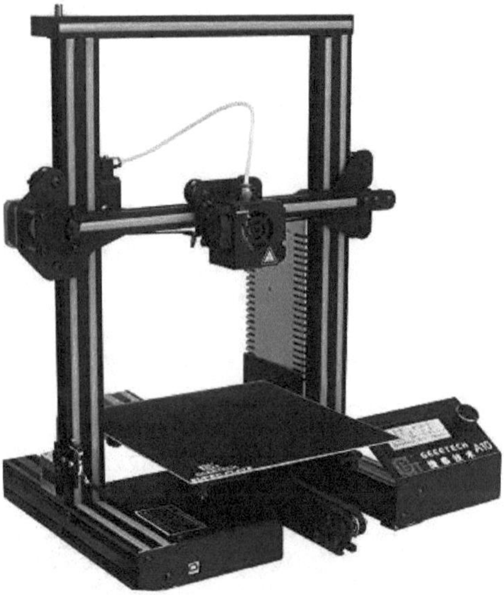

Abbildung 2 kartesischer 3D Drucker

Das kartesische Koordinatensystem ist aus dem Alltag bekannt; damit ist gemeint, dass alle drei Fahrtrichtungen X, Y, Z (Breite, Tiefe, Höhe) unabhängig voneinander laufen. Ein Motor ist jeweils für eine Richtung zuständig (bzw. mehrere parallel geschaltete Motoren, wenn die

Last zu groß für einen Motor ist). Will man einen Schritt nach links fahren, so bewegt ein Motor den Druckkopf nach links.

1.2 Polar 3D-Drucker

Abbildung 3 Polar 3D Drucker

Beim Polar 3D-Drucker bildet das Polarkoordinatensystem die Grundlage der Positionsbeschreibung. Dabei werden nicht X und Y verwendet, sondern ein Radius und ein Winkel. Die Höhe hingegen wird ebenfalls als Z bezeichnet. Der Druck rotiert auf einer runden Druckplatte. Vorteil des Polar 3D-Druckers ist, dass er nur zwei Motoren benötigt. Einen, um die Höhe zu bestimmen und einen, der das Druckbett rotiert und gleichzeitig linear in eine Richtung bewegt. Dadurch sind Polar 3D-Drucker energieeffizienter. Polar 3D-Drucker konnten sich jedoch nicht durchsetzen. Das hat mit dem erhöhten Rechenaufwand und den nicht intuitiven Verfahrwegen zu tun, da man in dreidimensionalen Koordinaten denkt. Außerdem ist das Bett schwieriger zu warten.

1.3 Delta 3D-Drucker

Abbildung 4 Delta 3D Drucker

Beim Deltadrucker ist der Aufbau ein grundlegend anderer, bei dem alle Achsen abhängig voneinander fahren. Möchte man also einen Schritt nach links, müssen alle drei Achsen bewegt werden. Die Abbildung zeigt einen solchen 3D-Drucker. Die Hauptvorteile des Deltadruckers gegenüber dem kartesischen Druckaufbau sind höhere Genauigkeit sowie höhere maximale Druckgeschwindigkeiten.

Außerdem sind sie im Allgemeinen leichter und perfekt für schmale, hohe Objekte geeignet. Der Nachteil besteht darin, dass man einen deutlich höheren Bauraum benötigt als die Maße des zu druckenden Objektes. Möchte man ein 30 cm hohes Objekt drucken, muss der kartesische Drucker nur einige Zentimeter höher sein. Ein Deltadrucker hingegen eher doppelt so hoch.

Außerdem ist man das „normale", kartesische System aus dem Alltag gewohnt – die Bewegungen der Achsen des Deltadruckers sind daher nicht immer leicht nachzuvollziehen. Neben den drei besprochenen Druckersystemen gibt es noch unter anderem Roboterarm 3D-Drucker und Förderband 3D-Drucker.

Meistens finden sich sowohl im privaten als auch industriellen Gebrauch kartesische Drucker. Für Einsteiger sind diese Drucker perfekt geeignet.

2 Klassischer Aufbau eines kartesischen 3D-Druckers

Viele Begriffe aus dem 3D-Druck werden aus dem Englischen abgeleitet. Zum besseren Verständnis werden daher die englischen Begriffe in Klammern verwendet. Wenn man sich weiter mit dem Thema 3D Druck befasst, werden diese Begrifflichkeiten immer wieder auftauchen.

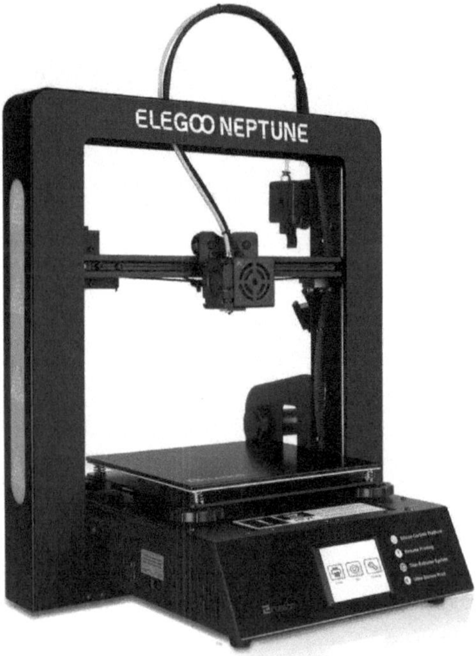

Abbildung 5 Elegoo Neptune Front

Die ersten Drucker im Consumerbereich waren vor einigen Jahren Do-it-yourself-Bausätze aus China, die mittlerweile jedoch niemandem mehr empfohlen werden können. Man musste so gut wie jedes Teil, sei es Rahmen, Motoren oder Riemen, austauschen, um einen zuverlässigen und langlebigen Drucker zu erhalten. Man lernt und wächst zwar mit dem Drucker, jedoch verbringt man deutlich mehr Zeit mit Fehlerbehebung als mit dem Drucken an sich. Außerdem waren diese Drucker in vielen Punkten wie Sicherheit, Elektronik oder Stabilität nicht nur anfängerunfreundlich, sondern schlichtweg nicht mehr zeitgemäß.

Mittlerweile haben sich viele Hersteller auf den privaten 3D-Druck Bereich konzentriert. Die meisten dieser Unternehmen sind in Asien angesiedelt. Zunächst werden die verschiedenen Komponenten eines 3D Druckers behandelt. Ein anfängerfreundlicher Drucker zur Veranschaulichung ist der Elegoo Neptun 3D-Drucker. Er ist ein Einsteiger- bis Mittelklasse-Drucker. An ihm kann man die Funktionsweisen und der Weg zum ersten Druck perfekt erläutern.

2.1 Der Rahmen

Zunächst wird das Offensichtlichste behandelt: Ein Drucker besteht zunächst aus einem Gestell bzw. einem Rahmen, an dem alle anderen weiteren Bauteile montiert sind.

Präzision ist das A und O beim 3D-Druck. Ist der Rahmen nicht korrekt ausgerichtet, ist das Material den Belastungen nicht gewachsen, oder sind Schrauben etwas locker, kann es das Druckergebnis maßgeblich negativ beeinflussen.

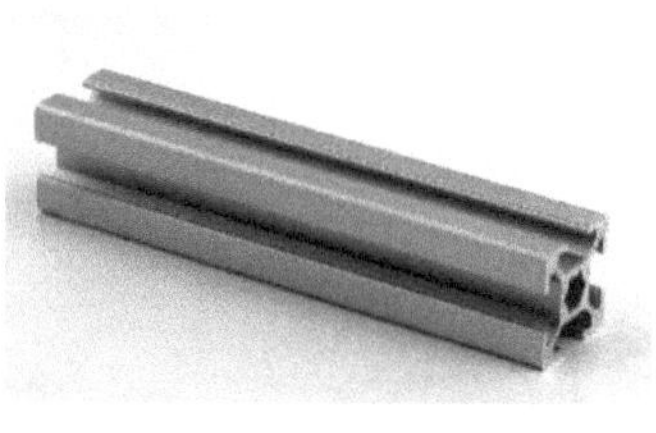

Abbildung 6 Standard 20x20mm Aluprofil

Deswegen ist der Rahmen eine der wichtigsten Komponenten des 3D Druckers. Bei günstigen Modellen besteht der Rahmen aus Kunststoff, Acryl oder Holz. Bei hochwertigeren Modellen besteht er aus verwindungsfesteren Materialien, wie Aluminium oder Stahl. Viele 3D-Drucker setzen auf 20 × 20 mm oder 30 × 30mm Aluminiumprofile. Diese Standardgrößen sind günstig und bewährt.

Beim 3D Druck gibt es jede Menge beweglicher Teile, beispielsweise das Druckbett oder den X-Schlitten, die sich schnell bewegen. Jedes dieser Teile weist ein sogenanntes Trägheitsmoment auf, abhängig von der Masse und der Verfahrgeschwindigkeit. Der Rahmen muss in der Lage sein, diese Kräfte aufzunehmen. Weiterhin entstehen durch hohe Beschleunigungswerte Schwingungen am Drucker. Viele dieser Vibrationen schwingen im hörbaren Bereich bis circa 15kHz und wirken sich auf die Lautstärke des Druckers aus. Grund dafür sind sogenannte Resonanzeffekte. Jeder Körper besitzt auf Grund seiner Geometrie eine Resonanzfrequenz. Regt man den Körper extern mit dieser Frequenz an, schwingt er immer weiter auf.
Das bekannteste Beispiel, das gleichzeitig zeigt, welche negativen Auswirkungen Resonanzeffekte haben können, ist das Unglück der Rocama-Narrows Brücke – Eine Hängebrücke aus den USA. Die Rocama-Narrow Brücke hatte eine sehr ungünstige Bauform, sodass schon leichte Windwirbel die Brücke in Resonanz versetzen konnten. Die Brücke schwang, als wäre sie aus Gummi.

Abbildung 7 Einbruch der Rocama Narrow Brücke

Was zunächst eine Touristenattraktion darstellte, fand 1940 ein Ende. Als ein Unwetter aufzog, wurde der Brücke dermaßen viel Energie zugeführt, dass sie sich immer weiter aufschaukelte, bis schlussendlich zwei Trägerseile rissen und die Brücke zusammenbrach. Dieses Unglück kostete zwar keinen Menschenleben, jedoch veranschaulicht dieses Ereignis, wie wichtig es ist, Resonanzeffekte zu vermeiden.

Auf unseren 3D-Drucker bezogen bedeutet das, dass Schwingungen jeglicher Art zu minimieren sind. Die einfachste Art dies zu bewerkstelligen ist mehr Gewicht und eine feste Verbindung der einzelnen Komponenten. Dadurch werden die Bauteile zu einem größeren Körper mit erhöhter Masse und die Resonanzfrequenzen verringert sich. Auch durch lose Kugellager können hörbare Resonanzeffekte entstehen, die sich über die Wellen oder Profile auf den Rahmen übertragen können.

Je steifer und stabiler der Rahmen ist, desto seltener können Schwingungen bzw. Resonanzen entstehen, und umso stabiler ist der Drucker und besser wird das Druckergebnis.

2.2: Die Elektronik

Die nächste Komponente bildet die Elektronik des Druckers. Meistens ist diese im oder am Rahmen angebracht. Bei manchen Modellen wird die Elektronik auch ausgelagert verbaut. Die Elektronik umfasst mehrere Einzelteile, beispielsweise die Stromversorgung (das Netzteil), die Recheneinheit, also das „Gehirn" des Druckers und das Display. Bei dem Elegoo Neptune 3D Drucker sind das Netzteil sowie die Recheneinheit aus Sicherheitsgründen im Rahmen verbaut und damit nicht sichtbar oder zugänglich. Viele Hersteller tendieren immer mehr zur geschlossenen Bauform der Elektronik.
Als Betriebsspannung werden oft Systeme mit 24V- oder 12V-Gleichstrom

eingesetzt. Bei großen Druckern, die viel Heizleistung benötigen, geht der Trend in Richtung 230V AC Stromversorgung für das Heizbett und 24V Stromversorgung für die Logik-Elektronik. Immer wieder hört man von verschmorten Kontakten oder Kurzschlüssen bei 3D-Druckern. Meistens ist jedoch nicht die Elektronik fehlerhaft, sondern ungeeignete Stromverbindungen mit zu geringen Kabelquerschnitten oder unterdimensionierten Steckverbindern.
Die meisten Netzteile sind unbedenklich, jedoch empfiehlt es sich, vor allem bei günstigen Einsteigermodellen, vorbereitende Schutzmaßnahmen wie einen Rauchmelder und Feuerlöscher parat zu haben.
Als Nächstes wird das Herz der Elektronik behandelt – das Mainboard oder auch Hauptplatine genannt. An dieses werden alle Motoren, Sensoren sowie das Display und die Spannungsversorgung angeschlossen.

2.3 Das Mainboard

Abbildung 8 Mainboard mit steckbaren Treibern und ATMega2560 Chip

Um 3D-Druck einer breiten Masse zu ermöglichen, wurde 2005 das RepRap Projekt ins Leben gerufen, mit dem Ziel, dass jeder mit einfachen Mitteln 3D-Drucker günstig selbst bauen kann. Die meisten heimischen 3D-Drucker basieren daher auf diesem Open-Source-Projekt. Die Firmware, vergleichbar mit dem Betriebssystem eines PCs, heißt Marlin und ist ebenfalls „open source' und für jedermann zugänglich. Auch namhafte 3D-Hersteller wie Creality oder Geeetech verwenden Marlin in modifizierter Form als Firmware für ihre 3D-Drucker.

Abbildung 9 ATMEGA2560 Mikroprozessor

Als Recheneinheit, die fest auf dem Mainboard verbaut ist, kommt oft ein ATMega2560 Chip zum Einsatz. Bei dem Chip handelt es sich um einen bewährten Mikroprozessor. Er verarbeitet Befehle, steuert die Motoren an und erweckt somit den ganzen Drucker zum Leben. Der ATMega2560 Chip gewann schnell an Popularität, weil der Chip bereits unter Hobbybastlern bekannt und sehr beliebt für andere Projekte war.

Vielleicht ist einigen Lesern Arduino ein Begriff. Dabei handelt es sich um eine programmierbare Microprozessor-Reihe, die bei Hobby-Programmierern große Beliebtheit erlangte. Der größte Mikrocontroller aus der Arduino Reihe, der Arduino MEGA, verwenden den ATMega2560 Chip standardmäßig. Vorteil dieses Chips ist, dass er vom Verbraucher einfach mittels der Arduino-DIE-Software selbst programmiert werden kann und dementsprechend Veränderungen oder Modifizierungen am Drucker vorgenommen werden können. Diese können anschließend in der Firmware angepasst werden. Tauscht man zum Beispiel einen Temperatursensor aus, kann der neue Sensor in der

Software eingetragen werden und die überarbeitete Version auf dem Drucker installiert werden.
Viele Hersteller von Komplett-Systemen geben ihren Source-Code jedoch nicht frei, das es dem Endverbraucher unmöglich macht, etwas am Drucker zu modifizieren.

Trotz der Vorteile stößt der ATMega2560 Chip gelegentlich an seine Grenzen, was die Rechengeschwindigkeit belangt. Grund dafür ist die interne Architektur des Prozessors. Der Chip basiert, wie viele andere 3D-Drucker Chips auch, auf einer 8-Bit-Architektur. Informatikbegeisterte Leser kennen sich gewiss mit den verschiedenen Architekturen aus, das darauf basierende Binärsystem zu erläutern würde jedoch zu weit vom Kerninhalt dieses Buches abweichen. Es sei nur gesagt, dass wegen der technologischen Begrenzung für Rechenoperationen nach anderen Richtungen und Alternativen Ausschau in der Entwicklung gehalten wird.

Eine Alternative bilden Mikroprozessoren mit interner 32-Bit-Architektur; etwa der STM32F Chip. Dieser bietet auch weitere Vorteile wie mehr internen Speicher oder einer bis zu sechsmal höherer Taktfrequenz. Deswegen verwenden Firmen wie beispielsweise MKS, die sich unter anderem auf Mainboards für 3D-Drucker spezialisiert hat, diesen Chip auf vielen ihrer neueren Mainboards.

So steckt der Chip auf dem Mainboad „MKS Robin (Mini)“, das in vielen neueren 3D-Druckern verbaut ist, wie auch dem Elegoo Neptune. Als Resultat der gesteigerten Rechenpower benötigt beispielsweise ein Druck der exakt selben Figur auf dem Elegoo Neptune 10:45 Stunden und auf einem Vergleichsdrucker mit 8-Bit System 11:54 Stunden.

Mikroprozessoren, die auf einer 32-Bit-Architektur beruhen, sind leistungsstärker und verkürzen die Druckzeit im Verhältnis zu 8-Bit.

Zur Elektronikausstattung gehören, je nach Art des Druckers, weitere Besonderheiten, wie ein Touchdisplay, eine WLAN-Schnittstelle oder ein Sensor, der Alarm schlägt, wenn das Filament ausgeht. Zur Elektronik zählen auch die Motoren und deren Ansteuerung, die im folgenden Kapitel behandelt werden.

2.4 Die Motoren

Abbildung 10 Nema17 Schrittmotor

Da die Motoren sehr präzise arbeiten müssen, werden dafür sogenannte Schritt-Motoren verwendet. Schrittmotoren sind Synchronmotoren. Intern sind diese aus vielen Einzelmagneten und Spulenpaaren aufgebaut. Die Abbildung 10 zeigt den Aufbau des Stators, der mit Spulen bestückt ist. Die drehbar gelagerte Welle bildet den Rotor. Dieser ist mit Permanentmagneten ausgestattet.

Bei jeder Ansteuerung der Motoren bewegen sich die Motorwelle einen

Bruchteil einer Umdrehung – einen Schritt. Die Weite eines Schritts hängt dabei von der Polpaarzahl ab.

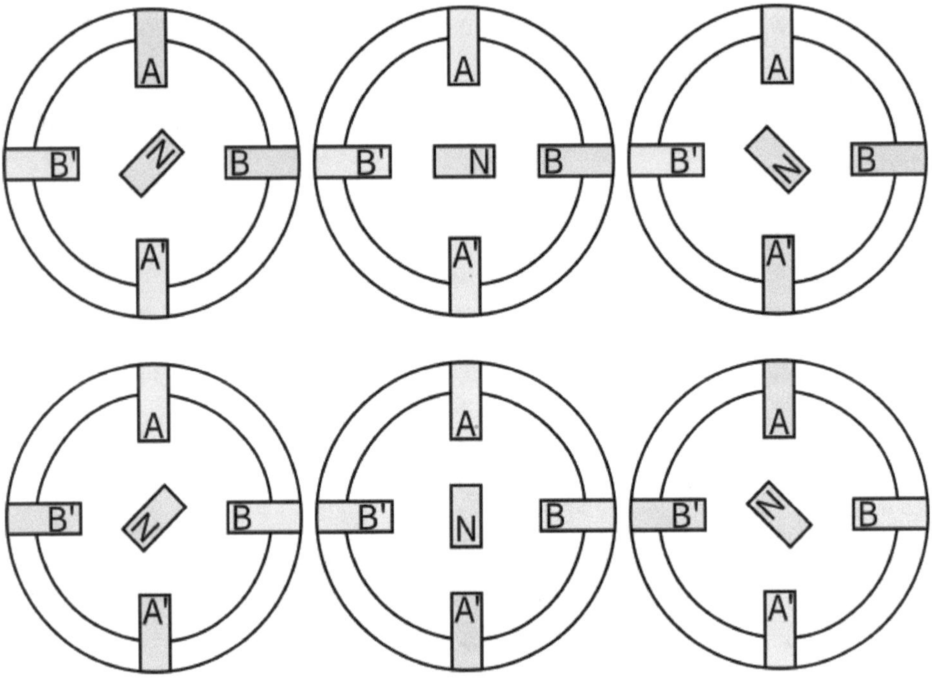

Abbildung 11 Schematischer Aufbau eines Schrittmotors

Die Abbildung 11 veranschaulicht die Wirkungsweise des Schrittmotors. Die Spulen des Stators werden einmal pro Schritt so umgepolt, dass der Permanentmagnet sich an eine fest definierte Position dreht. Bei zwei Spulenpaaren entstehen demnach acht mögliche Zustände.

Die gängigsten Schrittmotoren sind NEMA17 Schrittmotoren oder für größere Drucker NEMA34 Motoren. Diese Motoren benötigen beispielsweise 200 Schritte für eine volle Umdrehung. Das bedeutet, der Motor dreht sich pro Schritt um 1,8° (360°, das einer ganzen Umdrehung entspricht, geteilt durch 200 Schritte ergibt 1,8°).

2.5 Schrittmotortreiber

Die Schrittmotoren benötigen noch einen Baustein zur Ansteuerung, einen sogenannten Schrittmotor-Treiber (Stepper Driver). Dieser bekommt beispielsweise von dem ATMega2560 Chip die Informationen, wie viele Schritte sich der Motor drehen soll und steuert dementsprechend den Motor an. Die Schrittmotortreiber (jeweils einer für jeden Motor) sind entweder wechselbar auf dem Mainboard aufgesteckt oder im Elektronikboard des Druckers integriert und können nicht ausgetauscht oder nachgerüstet werden.

Die Treiber entscheiden, neben den Bewegungs- und Lüftergeräuschemissionen, maßgeblich über die Lautstärke des Druckers.

Grund dafür ist die Modulation der Ansteuersignale. Um eine perfekte Rotationsbewegung der Motoren zu gewährleisten, muss der Motor mit einer reinen Sinuswelle angesteuert werden.
Eine perfekte Sinuswelle besteht lediglich aus einer Schwingung ohne Verzerrungen (Oberschwingungen). Günstige Schrittmotortreiber können diese Sinusschwingung jedoch nicht vollkommen harmonisch herstellen, das zu diversen hörbaren Überschwingungen führt. Die Lautstärke macht sich in Form von wechselnden Tonimpulsen, Summen, Zischen und Piepen bemerkbar. Günstige, sehr laute Motortreiber sind beispielsweise A4988 Motortreiber. Diese Motortreiber kosten weniger als einen Euro, haben jedoch eine enorme Lärmentwicklung.

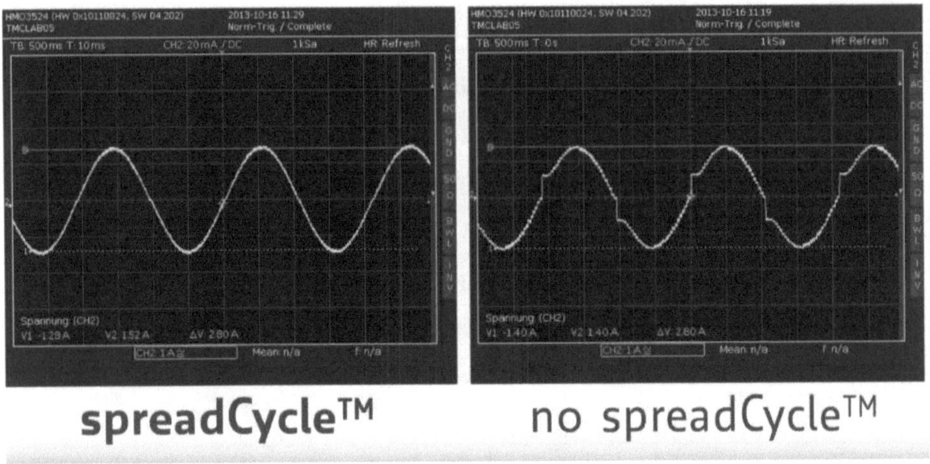

Abbildung 12 Vergleich Schrittmotoransteuerung

Deutlich angenehmer sind zum Beispiel Motortreiber der Firma Trinamic. Das deutsche Unternehmen, das im Bereich der Motion-Control tätig ist, hat patentierte Ansteuerungsverfahren entwickelt, die die Motorbewegungen geräuschärmer machen. Dazu gehören die TMC2208- oder TMC213-Motortreiber.

Diese steuern die Motoren an, sind dabei flüsterleise und haben dazu noch weitere Vorteile wie eine bessere, kraftvollere Ansteuerung der Motoren, ruhigere Bewegungen etc. Kostenpunkt circa 10 € pro Treiber. Die Abbildung 12 zeigt die harmonische Sinusanteuerung (spreadCycle) im Vergleich zu einer Ansteuerung ohne die spreadCycle Technologie.

Abbildung 13 TMC2208 Chip

Wenn man plant, einen 3D-Drucker in einem bewohnten Raum zu nutzen, sind leisere Motortreiber (neben leiseren Lüftern) unumgänglich für ein akzeptables Geräuschniveau.

Exkurs Schrittverluste:

Der Rotor des Schrittmotors folgt stets dem von außen angelegten, magnetischen Feld. Ist das aufgrund eines externen Lastmoments nicht möglich, werden Schritte „übersprungen“. Das kann unter anderem passieren, weil die Reibung der angetriebenen Komponenten zu groß ist oder die Beschleunigung zu hoch gewählt wurde. Auf den 3D-Drucker bezogen bedeutet das, dass die Information über die aktuelle Position der Welle verloren geht. Am Druckobjekt bildet sich ein Versatz und der Druck muss abgebrochen werden. Daher sollen Schrittverluste unbedingt vermieden werden. Das kann durch Verringern des externen Lastmoments realisiert werden, oder indem mehr Spannung an die Motoren anlegt wird. Deswegen haben alle Schrittmotortreiber wie die A4988 oder TMC2208 eine einstellbare Referenzspannung. Treten Schrittverluste auf, kann man die Spannung erhöhen und dem Motor mehr Leistung zuweisen.

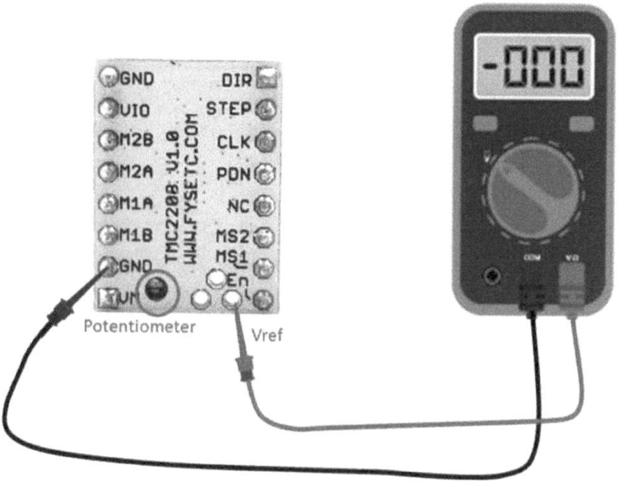

Abbildung 14 FYSET TMC2208 Treiber einstellen

Das hat jedoch einen höheren Stromverbrauch und eine höhere Wärmeentwicklung der Motoren und der Treiber zur Folge. Die Treiber werden deshalb aktiv gekühlt. Die maximal zulässige Referenzspannung der Treiber hängt

vom maximalen Motorenstrom und -erwärmung ab und lässt sich aus dem Datenblatt entnehmen. Bei A4988-Treibern ist die Referenzspannung im Bereich von 0,8-1,2 V, bei-TMC2208m Treibern im Bereich 0,5-0,8V.
Zunächst sollte man jedoch immer die Reibungsverluste minimieren, bevor man die Spannung erhöht. Das schont die Motoren, die Treiber und die beweglichen Teile.

Damit die Drehung des Motors in eine lineare Vorwärtsbewegung umgewandelt wird, wird ein Zahnriemen (bei Hochpräzisionsdruckern auch Gewindestangen) verwendet. Wichtig ist, dass der Riemen straff gespannt ist, da er ansonsten nicht präzise geführt wird. Günstige Modelle sind aus starrem Gummi, höherwertige Riemen wie ein GT2-Riemen sind mit Glasfasern durchsetzt und flexibler. Flexiblere Riemen kosten meistens nur wenige Euro und können das Druckbild verbessern.

2.6 Der Heizkopf

Abbildung 15 Druckkopf mit und ohne Abdeckung

Das Herzstück des Druckers bildet der bewegliche Druckkopf, der auf einem Schlitten angebracht ist, an dem der Zahnriemen befestigt ist. Er besteht aus

- einer Düse (Nozzle), die das austretende Filament fokussiert und damit die Breite des austretenden Materials bestimmt,
- einem Heizelement, welches in einen Heizblock (Heatblock) eingeführt wird,
- einem Temperatursensor sowie
- einem Kühlkörper (Heatsink).

Die Düse wird direkt in den Herzblock geschraubt. Der Heizblock wird mittels eines Rohres mit Gewinde (Heatbreak oder Throat genannt), in den Kühlkörper geschraubt. Düse, Heizblock und Kühlkörper bilden das sogenannte Hotend – zu Deutsch „heißes Ende".

Während des Drucks möchte man das Material nur in den Zuständen „flüssig" und „fest" verarbeiten. Um Zwischenzustände zu vermeiden, wird der Kühlkörper meistens aktiv mit einem Lüfter gekühlt (siehe Abbildung 15). Drucker mit großem Headblock, meistens aus der Industrie, besitzen zusätzlich eine Wasserkühlung. Über die Heizpatrone wird optional eine Silikonhülle gestülpt, damit die Wärmeabfuhr reduziert wird. Die Grafik (Abbildung 16) verdeutlicht den Aufbau des Hotends. Weiterhin gibt es zur Kühlung des extrudierten Filaments einen Bauteillüfter, der knapp unter die Düse bläst und das Filament sowie den bereits gedruckten Bereich schnellstmöglich abkühlen lässt, sodass der Druck nicht verlaufen kann. Ohne diese Kühlung verläuft das noch halbflüssige Material unkontrolliert.

Der Aufbau eines Hotends

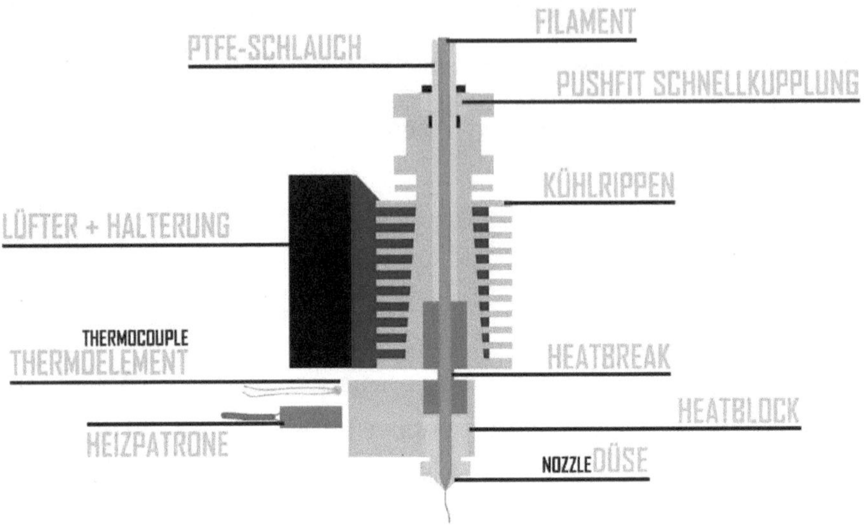

Abbildung 16 Der Aufbau eines 3D Drucker Hotends – Infografik von Sercan Kahraman, CC-BY-SA; Bildquelle: threedom.de

Exkurs verschiedene Düsengrößen:

Die unterschiedlichen Düsen am Markt werden mit verschieden großen Öffnungen angeboten. Die Öffnungen reichen von 0,15 mm bis hin zu 1,2 mm oder noch größer. Bei allen Standard-Konsumer 3D-Druckern hat die Düse ein M6-Gewinde und eine Düsenöffnung von 0,4 mm. Da der Düsendurchmesser die minimale Breite des Drucks angibt, kann man bei Bedarf eine andere Düsenöffnung verwenden. Beispielsweise kann für einen sehr detailreichen Druck eine 0,2mm-Düse verwendet werden. Der Vorteil ist hierbei die höhere Druckgenauigkeit. Nachteil ist, dass die Düse leichter verstopfen kann, und der Druck entsprechend länger dauert. Auch die maximal druckbare Schichthöhe wird verringert. Als Faustformel gilt, dass die maximale Schichthöhe circa 80 % der Düsenöffnung entspricht. Also bei 0,4 mm wäre das eine maximale Schichthöhe von 0,32 mm und bei 0,2 mm eine maximale Schichthöhe von 0,16 mm.

Auf der anderen Seite kann man auch eine Düse mit einem größeren Öffnungsdurchmesser verwenden, beispielsweise eine 0,8er-Düse (0,8 mm Düsenöffnung). Dabei muss jedoch beachtet werden, dass eine Verdopplung des Durchmessers eine Vervierfachung der geöffneten Fläche bedeutet und damit auch eine Vervierfachung des Filamentflusses, also wie viel Filament pro Zeiteinheit von der Heizpatrone geschmolzen werden muss. Bei zu hohen Druckgeschwindigkeiten kann die Heizpatrone an ihre Grenze kommen und die hohen Mengen an Filament nicht mehr homogen erwärmen. Das austretende Filament wird dann im Kern zähflüssiger als an den äußeren Bereichen und der Druck wird ungleichmäßig. Außerdem benötigt das Material nach Austritt aus der Düse mehr Zeit, um sich wieder zu verfestigen. Abhilfe schafft auch hier eine Verringerung der Druckgeschwindigkeit. Eine Düsenöffnung von 0,3-0,5 mm gilt als ein guter Kompromiss. Eine 0,15er oder 0,8er-Düse macht in Spezialfällen Sinn, jedoch muss man sich dann auf zusätzliche Herausforderungen einstellen.

Abbildung 17 Extruder Motor mit BMG Aufsatz

2.7 Extruder Motor

Der Motor, der das Filament durch den Druckkopf, also durch Kühlkörper, Throat, Heizblock und Düse drückt, nennt man Extrudermotor oder einfach nur Extruder. Der Extruder ist eine der wichtigsten Komponenten, da er für die gleichmäßige Filamentzufuhr sorgt. Als Extrudermotoren werden ebenfalls Nema17-Motoren eingesetzt. Das Filament wird dabei mithilfe eines Zahnrads gefördert und in das Hotend gedrückt.

> Es gibt diverse Extrudertypen (z. B. BMG-Extruder, MK8-Extruder), die gegebenenfalls mit Getrieben arbeiten, um ein höheres Drehmoment zu erzeugen.

Ist der Extruder direkt am Druckkopf angebracht und fährt auf dem Schlitten mit, spricht man von einer Direct-Drive-Konstruktion. Das ist zum Beispiel sinnvoll für flexibles Filament, bei dem die Distanz zwischen Extrudermotor und Heizblock so gering wie möglich gehalten werden soll. Als Nachteil mag hierbei erwähnt werden, dass das zusätzliche Gewicht des Motors die ganze Zeit mitfährt, und wer sich noch an die Masseträgheit aus dem Physikunterricht erinnert, erkennt schnell, dass es viel Kraft benötigt, um den Schlitten samt Extrudermotor bei jeder Bewegung neu zu beschleunigen und abzubremsen. Abhilfe schafft eine *Bowden-Konstruktion*; bei dieser wird der Extruder vom Schlitten gelöst und am Druckerrahmen angebracht.

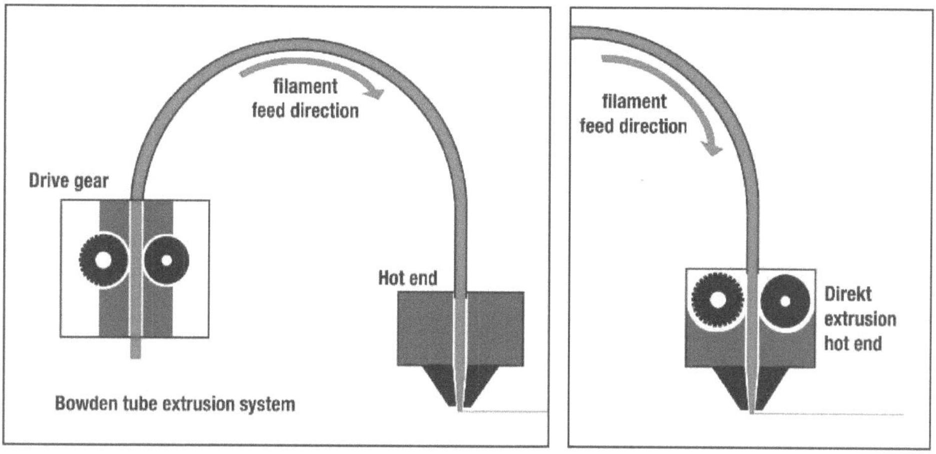

Abbildung 18 Bowden und Direct Drive

Das Filament wird vom Extruder mithilfe eines PTFE-Schlauches in den Heizblock geführt. Damit ist das meiste Gewicht ausgelagert und es kann eine höhere Genauigkeit bei gleichbleibender Geschwindigkeit erzielt werden. Außerdem müssen die Motoren nicht mehr so stark arbeiten. Auf der anderen Seite reibt das Filament nun an der Innenseite des PTFE Schlauchs, was der Extrudermotor wiederum mit mehr Kraft ausgleichen muss. Bei großen Druckern und hoher Geschwindigkeit, also wenn schnell viel Filament durch den Heizblock gedrückt werden muss, kann es auch vorkommen, dass der Extruder zu wenig Kraft aufbringen kann, um das Filament durch den Schlauch in den Heizblock zu drücken. Dann muss man sich der bereits erwähnten Getriebe am Extrudermotor behelfen, um die Kraft zu erhöhen.

Bei den Einsteigerdruckern ist der Druckraum und somit auch die Länge des Bowden-Schlauchs sowie die Geschwindigkeit zu gering, dass dieser Effekt auftritt. Somit stellt ein Bowden Setup in der Regel kein Problem dar und ist heutzutage bei den meisten Druckern Standard. Direct Drive wird fast nur noch für flexible Filamente genutzt.

Damit sich der Druckkopf sowie das bewegliche Heizbett bewegen können, werden an dem Schlitten meist Kugel-, Roll- oder Gleitlager eingesetzt, die sich relativ reibungsarm auf Führungsschienen oder Linearführungsschienen bewegen können.

Je weniger Reibung bei den Bewegungen entsteht, desto sauberer wird das Druckbild und desto weniger werden die Motoren und Lager belastet, die diese Reibungskraft überwinden müssen.

Deshalb ist eine Wartung der beweglichen Elemente essenziell. Die Wartung der verschiedenen Teile wird später im Kapitel Wartung und Verschleiß ausführlicher behandelt. Bei gängigen kartesischen 3D Druckermodellen bewegt sich der Druckkopf in den x- und z- (links und rechts; hoch und runter) oder X- und Y-Achsen (links und rechts; vor und zurück).

Nachdem die Bewegung des Druckkopfs verstanden wurde, wird die Fläche behandelt, auf die das Objekt gedruckt wird – das Druckbett.
Wie soeben erwähnt wird das Modell von unten nach oben (in Z-Richtung), Schicht für Schicht aufgebaut. Daher ist es wichtig, dass das Druckbett, also die Platte, auf der das Objekt gedruckt wird, sehr plan ist. Außerdem muss das Filament zu Beginn des Drucks gut auf dem Druckbett haften, damit sich das Objekt nicht während des Drucks vom Druckbett löst. Deshalb haben viele Druckbetten eine leicht angeraute Oberfläche, vergleichbar mit Schleifpapier, oder eine spezielle Beschichtung, damit das Filament an den „Bergen und Tälern" (im Mikrometer-Bereich) haften kann.

Es gibt Hersteller, die sich speziell auf gut haftende Druckbettfolien spezialisiert haben – man erkennt also, wie wichtig dieser Aspekt ist. Da die Haftung der gängigsten Filamente wie PLA, ABS oder PETG auch durch warmen Untergrund sehr stark erhöht wird, sind die meisten Druckbetten beheizt. Man spricht dann von einem sogenannten Heizbett. Vor jedem Druck wird das Druckbett auf circa 50 °C (für PLA) bis über 100 °CC (für ABS) aufgewärmt.

Eine zu geringe Hitze am Druckbett kann auch oft eine Fehlerursache für diverse Probleme sein, die später noch in diesem Kapitel erläutert werden.

Manchmal ist der Drucker zusätzlich in einem luftdichten Bauraum untergebracht, der seinerseits beheizt wird. Warum das für die Verarbeitung von diversen Werkstoffen wie ABS oder Nylon ist, wird im Kapitel Filamenttypen ausführlicher erklärt.

Solch eine Einhausung ist jedoch den Druckern im oberen Preisbereich vorbehalten. Daher liegt der Fokus auf Druckern mit beheizbarem Bett, jedoch ohne (beheiztes) Gehäuse. Weiterhin sollte man darauf achten, dass das Druckbett parallel zum Druckkopf liegt, da die Schichtdicken im Hundertstel-Mikrometerbereich liegen. Gelöst wird dieses Problem meistens mit Federn oder Silikondämpfern, die jeweils in den Ecken des Heizbetts platziert sind und durch einen Schraubmechanismus präzise in der Höhe verstellt werden können. Das parallele Ausrichten des Heizbetts zum Druckkopf nennt man auch „leveln".

Als Nächstes stellt sich die Frage:
Woher weiß der Drucker eigentlich, wo er gerade ist?
Die Antwort ist relativ simpel. Zunächst fährt der Drucker alle Achsen bis zum Anschlag zurück. Dort sind Ende-Stopp-Schalter (Endstops) angebracht. Das sind normale Schalter, die bei Berührung auslösen. Es gibt manuelle Druckschalter oder berührungslose Endstops, beispielsweise Lichtschrankenschalter. Trifft der Druckkopf auf einen Endstopschalter für die X-Richtung, werden die Motoren softwareseitig angehalten und der Drucker weiß in diesem Moment, dass er bei der Position Null in X-Richtung angekommen ist. Von dort aus können die Schrittmotoren den Drucker wieder nach rechts, also in positive X-Richtung bewegen. Der Drucker merkt sich die Anzahl der abgefahrenen Schritte. Die Anzahl der Schritte entspricht der Erntfernung von der

Nullposition. Dieses System wird für alle Achsen angewandt. Fährt der Drucker alle Achsen auf „Null“ zurück, sagt man, der Druckkopf ist in der Home-Position bei X=0, Y=0 und Z=0 (kurz (0,0,0)).

Verläuft während des Drucks etwas nicht wie geplant, klemmt beispielsweise eine Achse kurz und kann somit nicht fahren, „weiß“ der Drucker das nicht. Der Drucker „meint“ entsprechend, er sei weitergefahren und geht davon aus, er sei nun an einer anderen Position als er tatsächlich ist. Der Druck misslingt.
Eine einzige fehlerhafte Bewegung wirkt sich also auf alle nachfolgenden Bewegungen aus. Nachdem der Drucker anfangs auf (0,0,0) gefahren ist (man sagt, er wurde „gehomed“), fangen die Motoren an, den Druckkopf zum Heizbett zu bewegen, um die erste Schicht zu drucken.

Exkurs Autolevelling
Neben dem bereits angesprochenen manuellen Leveln durch das Verstellen von Schrauben gibt es auch die Möglichkeit des Autolevelns: Dabei wird ein Sensor genutzt, der sich am Druckkopf befindet und einen festen Abstand zur Druckdüse hat. Er misst die Höhe verschiedener Punkte des Heizbettes und gibt diese an die Recheneinheit weiter, die die Höhenunterschiede softwaremäßig kompensiert. Fährt der Druckkopf an eine Ecke, die weiter unten sitzt als die anderen (seien es auch nur Mikrometer), fahren die Motoren in Z-Richtung herunter und kompensieren diese Unebenheiten.

Meistens werden berührungslose Sensoren, wie Kapazitätssensoren oder induktive Sensoren genutzt. Diese lösen ab einer bestimmten Nähe des Druckbetts (häufig im Bereich einiger Millimeter) aus und ersetzen somit den Z-Endstopschalter. Diese Sensoren sind zwar sinnvoll, doch sie erkennen lediglich die Symptome, die eigentliche Ursache, nämlich das schiefe Druckbett, kompensieren oder regulieren sie jedoch nicht.

3. Filamenttypen im Vergleich

Bevor 3D-Drucker der erschwinglichen Preiskategorie vorgestellt werden, wird die Frage geklärt, welcher Werkstoff, sprich welches Filament am besten für verschiedene Einsatzbereiche geeignet ist. Modellbauanwendungen haben vor allem hohe Ansprüche an Details, und eher weniger an Witterungsbeständigkeit oder Lebensmittelechtheit. 3D-gedruckte Gartenzwerge hingegen sollten wiederum nicht nach dem ersten Frost von der Witterung zersetzt werden. Es werden die gängigsten Filamente, die man mit einem erschwinglichen FDM 3D-Drucker verarbeiten kann, vorgestellt und Vor- sowie Nachteile gegenübergestellt.

3.1 PLA (Polylactic Acid)

PLA ist im Hobby 3D-Druck mit Abstand der am meisten eingesetzte Werkstoff. Und das hat auch gute Gründe. PLA besteht aus vielen aneinandergehängten Milchsäuremolekülen und wird deswegen auch oft Polymilchsäure genannt. PLA kommt zwar nicht in der Natur vor, wird aber aus natürlichen, nachwachsenden Zuckermolekülen, meist aus Maisstärke, durch mehrstufige Synthese hergestellt. PLA kann daher unter industriellen Kompostierungsbedinungen, das bedeutet, 60–70 °C, kontrollierter Luftfeuchte etc., biologisch abgebaut werden.

> Oft wird vor allem von PLA-Fabrikanten suggeriert, dass PLA umweltverträglich und unter normalen Bedingungen biologisch abbaubar ist. Das ist unzutreffend, mit PLA sollte wie mit jedem anderen Kunststoff umgegangen werden.

Aber warum ist PLA so beliebt im nicht kommerziellen wie auch im industriellen 3D-Druck? PLA hat gegenüber ABS, PETG und vielen weiten Filamenten diverse Vorteile. Zunächst ist es sehr einfach zu drucken. Das bedeutet, dass

es einen niedrigen Schmelzpunkt von etwa 160 °C besitzt, und im Bereich von circa 180 °C – 230 °C verarbeitet werden kann. Der Schmelzpunkt ist die Temperatur, bei dem der Werkstoff vom Zustand *fest* in (zäh-) *flüssig* übergeht. Da das Filament im Zustand *flüssig* verarbeitet wird, liegt die Verarbeitungstemperatur dementsprechend über dem Schmelzpunkt. Die Schrumpfung ist ebenfalls verhältnismäßig gering. Damit ist gemeint, dass sich der Werkstoff bei Abkühlung nicht so stark zusammenzieht wie ABS. Außerdem ist bei PLA ein Heizbett für die Haftung nicht erforderlich. Weiterhin ist es auch für den Benutzer sehr angenehm zu drucken, da es bei der Verarbeitung keine giftigen Dämpfe an die Umgebungsluft abgibt, es kann somit ohne Einhausung oder Abzug gedruckt werden. Wegen der Herstellung aus Maisstärke oder anderen nachwachsenden Rohstoffen zählt es außerdem zu den umweltfreundlichsten 3D-Druck Filamenten. Die Bruchfestigkeit von PLA ist mittelmäßig hoch, jedoch für Belastungsanwendungen wie Getriebe nur bedingt bis ungeeignet. Obwohl PLA aus Milchsäure besteht, ist es durch Verarbeitungsrückstände nicht lebensmittelecht.
Dem PLA-Filament können auch andere Stoffe zugesetzt werden, beispielsweise Metall, Holz, fluoreszierende oder elektrisch-leitfähige Partikel. Falls man ein „Holz-Filament“ findet, handelt es sich dabei am ehesten um PLA, das mit Holzpartikeln versetzt wurde. Beim Verarbeiten dieser Art von PLA-Hybridfilamenten ist darauf zu achten, dass das Filament erhöhte Anforderungen an die Druckeinstellungen mit sich bringt. Holzpartikel können die Düse leichter verstopfen und Metallpartikel (wie Eisen oder Bronze) verschleißen durch Abrieb die günstigen weitverbreiteten Messingdüsen des Druckers.

So ist eine 0,4 mm Düse nach einem Kilogramm PLA-Filament, das mit Metallpartikeln versehen ist, reif für die Mülltonne. Abhilfe schaffen hochwertigere Düsen aus gehärtetem Stahl. Ist für das 3D-Objekt nur die metallene Optik entscheidend, empfiehlt sich unter anderem ein bronzefarbenes PLA-

Filament, das lediglich Farbpigmente und keine echte Bronzepartikel enthält. Es gibt auch viele abgewandelte Formen von PLA, wie PLA+, das vor allem eine höhere Schlagfestigkeit aufweist. Die grundlegenden Eigenschaften unterscheiden sich jedoch nur sehr gering von standardmäßigem PLA.

PLA ist erprobt, einfach zu verarbeiten und leicht zu modifizieren. All diese Vorteile machen PLA zum multifunktional einsetzbaren Filament, vor allem für Neueinsteiger.

Zusammenfassung PLA

Druck Schwierigkeitsgrad: einfach, sehr anfängerfreundlich

Drucktemperatur: 180 – 230 °C

Druckbett-Temperatur: 0 – 70 °C (haftungsbedingt)

Witterungsfest: nein

Haltbarkeit: mittel bis hoch

Schrumpf: kaum

Bruchfestigkeit: mittel

Flexibilität: niedrig bis mittel

Lebensmittelecht: Nein, mit Ausnahmen, siehe Herstellerangaben

3.2 ABS (Acrylnitril-Butadien-Styrol)

ABS ist nach PLA der zweitpopulärste Kunststoff im 3D-Druckbereich. ABS wird ebenso wie PLA synthetisch hergestellt, jedoch dienen nicht pflanzliche Zuckerbausteine, sondern Substanzen von Erdöl, genau genommen das namensgebende Buradien und Styrol als Basis. ABS wird schon lange in der Industrie eingesetzt, ist also erprobt und bewährt. Lego-Bausteine, Steckdosen und vieles mehr werden mit ABS produziert. Im Bereich 3D-Druck wird es oft für Ingenieursanwendungen oder zur Herstellung von Prototypen verwendet. Auch in der Autoindustrie wird ABS, beispielsweise für Karosserieteile eingesetzt. Dem ABS kann man, wie bei quasi jedem Filamenttyp, Partikel hinzufügen, sodass sich seine Eigenschaften leicht verändern.

Die Hauptvorteile von ABS sind Witterungsbeständigkeit, eine hohe Steifig-, Festig-, sowie Zähigkeit. Beim 3D-Druck von ABS Filament ist eine Heizplatte unabdingbar, da die Schrumpfung von ABS deutlich höher als die von PLA ist.

Es empfiehlt sich ein beheizbares Bett mit circa 100–120 °C. Um solche Temperaturen zu erreichen, wird meistens eine beheizbare Kammer für den Drucker empfohlen. Diese hat außerdem den Vorteil, dass toxische Dämpfe, die beim 3D-Druck von ABS anfallen, nicht in den Wohnbereich gelangen können. Ein weiterer Nachteil, den die Schrumpfung mit sich bringt, ist das Zusammenziehen des gesamten Objekts, das die Ecken vom Druckbett reißt, im Fachjargon nennt man das „Warping“.

Zusammenfassung ABS

Druck Schwierigkeitsgrad: mittel bis hoch

Drucktemperatur: 210 – 250 °C

Druckbett-Temperatur: 90 – 130 °C (haftungsbedingt)

Witterungsfest: mittel bis hoch – aber anfällig für UV-Strahlung

Haltbarkeit: hoch

Schrumpf: stark

Bruchfestigkeit: mittel bis hoch

Flexibilität: mittel bis hoch

Lebensmittelecht: nein

3.3 ASA (Acrylester-Styrol-Acrylnitril)

ASA wird durch eine Copolymerisation von Arylnitril und Styrol hergestellt und ist ebenfalls ein beliebter Werkstoff in der Industrie. Er wird beispielsweise für Halterungen, Lüftungsgitter und Spielgeräte für den Innen- und Außenbereich eingesetzt.

ASA besitzt ähnliche Eigenschaften wie ABS, jedoch den entscheidenden Vorteil, dass es nicht anfällig für UV-Strahlung und leichter zu verarbeiten ist. Das bedeutet, ASA vereint die Vorteile von ABS, also in erster Linie die Stabilität und Festigkeit, mit UV-Beständigkeit.

Der Warping-Effekt ist bei ASA deutlich geringer als bei ABS, das eine niedrigere Heizbetttemperatur gestattet. Dadurch ist ASA in der Regel deutlich leichter zu verarbeiten als ABS, teilweise vergleichbar mit PLA.

Zusammenfassung ASA
Druck Schwierigkeitsgrad: leicht bis mittel
Drucktemperatur: 230 – 270 °C
Druckbett-Temperatur: 60 – 120 °C (haftungsbedingt)
Witterungsfest: ja
Haltbarkeit: hoch
Schrumpf: leicht bis mittel
Bruchfestigkeit: mittel bis hoch
Flexibilität: mittel bis hoch
Lebensmittelecht: nein

3.4 PETG Polyethylenterephthalat

PET ist aus dem Alltag vor allem von PET-Flaschen bekannt. PETG ist quasi derselbe Stoff, ist jedoch noch zusätzlich mit Glykol versetzt, um die Viskosität zu verringern und damit den Kunststoff 3D-druckfähig zu machen. Die Viskosität beschreibt, wie zähflüssig ein Werkstoff ist. Eine höhere Viskosität bedeutet einen zähflüssigeren Stoff, das für 3D-Druck nicht gewünscht ist. Ähnlich wie PET-Flaschen ist PETG ohne Beimischung von Farbpartikeln durchsichtig, beinahe glassklar.

Anwendungsgebiete von PETG sind Lebensmittelbehälter, Vasen oder auch medizinische Anwendungen. PETG ist leicht zu verarbeiten, beinahe geruchslos und in vielen Fällen lebensmittelecht. Ist es genauso schlagfest wie ABS oder ASA, jedoch nicht ganz so bruchgeständig.

Zusammenfassung PETG

Druck Schwierigkeitsgrad: leicht bis mittel

Drucktemperatur: 210 – 240 °C

Druckbett-Temperatur: 50 – 80 °C (haftungsbedingt)

Witterungsfest: ja

Haltbarkeit: hoch

Schrumpf: leicht

Bruchfestigkeit: mittel bis mittelhoch

Flexibilität: mittelhoch bis hoch

Lebensmittelecht: ja (Herstellerangaben beachten)

3.5 TPU (Thermoplastische Urethane)

Als Nächstes wird mit TPU ein flexibler Kunststoff behandelt. Anders als PLA oder ABS beschreibt TPU nicht einen einzelnen Werkstoff, sondern eine Reihe von Werkstoffen, nämlich die thermoplastischen Urethane. Dementsprechend unterscheiden sich die verschiedenen Werkstoffe in Ihren Eigenschaften wie Viskosität, Elastizität oder Druckbarkeit. Im Allgemeinen wird jedoch trotzdem häufig TPU als Einzelwerkstoff genannt. TPU wird beispielsweise für protektive Anwendungen wie Handyhüllen verwendet. TPU ist der weitverbreitetste elastische Kunststoff im 3D-Drucksegment. Die Elastizität von TPU ist genau wie bei Silikonen mit der sogenannten Shore-Härte angegeben.

Da TPU zu den Weich-Elastomeren gehört, wird die Shore-Härteskala A verwendet. Dabei wird ein Messgewicht von einem Kilogramm für 15 Sekunden auf eine 6 mm starke Materialprobe gedrückt und gemessen, wie tief das Prüfgewicht in den Werkstoff eindringt. Dabei entspricht der Shorewert von

0 einer Eindringtiefe von 2,5 mm und der Shorewert 100A einer Eindringtiefe von 0 mm. Die meisten TPU-Filamente verwenden Shorehärten von 95A, extrem flexible Filamente wie das Ninjaflex-TPU kommen durch Hinzugabe von Weichmachern zu Shorthärten von 60A. Noch flexiblere Filamente kommen in den Shorehärtenbereich von 40A.
Vorteile von TPU sind die vielfältigen Einsatzgebiete, beispielsweise als Dichtungen, die erwähnten Handyhüllen oder Modellbau-Autoreifen.
Bei der Verarbeitung ist zu beachten, dass der Extruder das flexible Filament durch das Hotend (Nozzle) drücken muss. Aufgrund seiner Weichheit ist TPU ein sehr anspruchsvolles Material für Extruder. Das Extruder-Zahnrad findet bei flexiblem Filament weniger Haftung. Deshalb empfiehlt sich TPU langsam zu drucken (20 - 30 mm/s). Außerdem ist ein direct-drive-Extruder deutlich von Vorteil, weil man so die zusätzliche Reibung innerhalb des Teflon-Schlauchs umgeht.

Zusammenfassung TPU

Druck Schwierigkeitsgrad: mittel
Drucktemperatur: 200 – 240 °C
Druckbett-Temperatur: 0 – 60 °C (haftungsbedingt)
Witterungsfest: niedrig – mittel
Haltbarkeit: hoch
Schrumpf: leicht
Bruchfestigkeit: hoch bis sehr hoch (flexibel)
Flexibilität: hoch (abhängig von der Shorehärte)
Lebensmittelecht: nein (Herstellerangaben beachten)

3.6 Nylon Polyamide

Zu guter Letzt zählt Nylon zu einem beliebten Filament unter Hobby-3D-Druckern. Die Nomenklatur, die bei der Klassifizierung von Nylon verwendet wird, ist Polyamid (PA). Dabei bildet PA6- bzw. PA6.6-Nylon einen Marktanteil von 95 %. Andere wie PA12 spielen nur eine nebengeordnete Rolle. Nylon kennt man wohl am meisten von Kabelbinder, Schnüren oder Propellern für Drohnen. Nylon ist sehr flexibel und gleichzeitig reißfest. Es hat eine geringe Reibung und wird deswegen im 3D-Druck beispielsweise bei Zahnrädern eingesetzt, die für hohe Drehzahlen bei wenig Reibungsverlusten konzeptioniert sind.

Ähnlich wie TPU Filamente ist Nylon deutlich anspruchsvoller in der Verarbeitung, haftet weniger am Druckbett und muss entsprechend langsam gedruckt werden.

Nylon kann zusätzlich durch beispielsweise Glasfaser weiter verstärkt werden, das es vor allem in der Industrie zu einem viel benutzen Werkstoff für Spezialanwendungen macht.

Zusammenfassung Nylon
Druck Schwierigkeitsgrad: hoch
Drucktemperatur: 235 – 260 °C
Druckbett-Temperatur: 80 – 110 °C (haftungsbedingt)
Witterungsfest: mittel bis hoch
Haltbarkeit: hoch
Schrumpf: mittel
Bruchfestigkeit: sehr hoch (flexibel)
Flexibilität: hoch
Lebensmittelecht: nein (Herstellerangaben beachten)

Natürlich gibt es noch viele weitere Nischenfilamente, die für ein ganz bestimmtes Einsatzgebiet vorgesehen sind. Mit den fünf ausgeführten Filamenttypen hat man jedoch circa 99 % aller möglichen Anwendungsgebiete im FDM 3D-Druck abgedeckt.

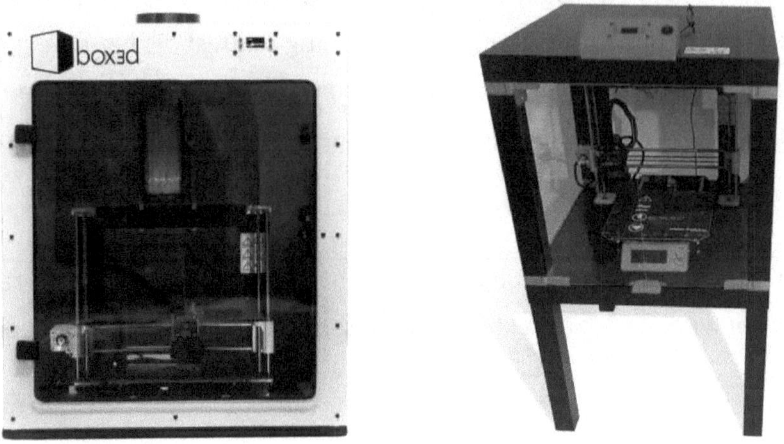

Abbildung 19 Beispielhafte Druckbehausung

Was zu beachten ist, dass manche Filamente wie ABS oder Nylon stark auf Temperaturschwankungen reagieren. Ein geöffnetes Fenster kann den Druck negativ beeinflussen, da sich der Druck dann schneller zusammenzieht. Um konstante Umgebungsbedienungen zu schaffen, empfiehlt es sich, diese Filamente in einem geschlossenen Druckraum zu verarbeiten. Dieser sollte zusätzlich mit einem Feuermelder und einem hochwertigen Luftfilter ausgestattet sein. Unter Hobby-Bastlern hat sich der Bau von Einhausungen für den 3D-Drucker zu einem regelrechten Sport entwickelt.

4. Welcher Drucker passt zu mir?

Dass der Druckermarkt in den vergangenen Jahren exponentiell wuchs, ist eine große Bereicherung. Jedoch hat man jetzt auch wieder die Qual der Wahl, da die Anzahl der verschiedenen Drucker unendlich erscheint. Gibt man bei Amazon den Begriff „3D Drucker“ ein, erscheinen allein dort mehr als 60.000 Ergebnisse. Aber keine Sorge, es werden alle Bedürfnisse Schritt für Schritt durchgegangen und analysiert. So findet man den Drucker, der perfekt zu einem passt.

4.1 Größe und Bauraum

Nicht jeder kann einen Hobbykeller sein Eigen nennen und hat 2 × 2 m Stellraum zur Verfügung, weswegen die Abmessungen des Druckers einen banalen, aber wichtigen Aspekt darstellen. Es gibt sowohl kompakte Drucker, die nur 30 × 30 × 50 cm groß sind, als auch Drucker, die auch mal gerne einen Kubikmeter (einen Meter lang, hoch und breit) einnehmen.

Daher sollte man sich vor dem Kauf die Frage stellen: Was möchte man überhaupt drucken? Welche maximale Größe benötigt man unbedingt? Ist der nötige Platz dafür vorhanden?

Das maximale Druckobjekt führt auch gleich zum Punkt des Druckvolumens: Wie groß ist das Druckbett, auf das gedruckt wird und wie hoch kann der Drucker maximal drucken?

Man sollte das stets das kleinstmögliche Druckbett, welches noch für die eigenen Ansprüche ausreicht, nehmen, da das Aufheizen sonst länger dauert und der Stromverbrauch höher ist. Möchte man nur Figuren bis 15 cm drucken, ist ein 30 cm x 30 cm Druckbett Energie- und Geldverschwendung.

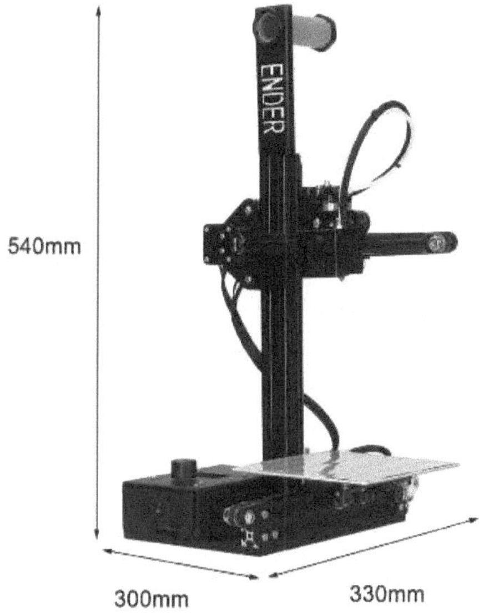

Abbildung 20 Creality Ender 2 Kompaktdrucker

Als Anhaltspunkt sind die gängigsten Druckbettgrößen:

Klein: 15 × 15 cm Bett, 15 cm Höhe (teilweise noch kleiner)
Standard: ca. 20 × 20 cm Bett, 25 cm Höhe
Groß: größer als 30 × 30 cm Bett, 40 cm Höhe

Wer noch keine persönliche Erfahrung hat, aber einfach mal anfangen möchte, dem empfiehlt sich zum Einstieg ein 20 × 20 cm Druckbett. Damit hat der Großteil der Community gute Erfahrungen gemacht. Gelegentlich wäre zwar ein größeres Bett von Vorteil, doch in 95 % der Fälle reicht das Volumen aus. Man muss beachten, dass ein Druck bei 20 cm Länge und Breite und 25 cm Höhe, auch mal schnell 1–2 Tage dauern kann.

4.2 Rahmen

Wie bereits erwähnt, ist der Rahmen einer der wichtigsten Aspekte für einen guten Druck. Deshalb empfiehlt es sich nicht, einen Drucker zu kaufen, der nicht aus starrem Material wie Aluminium aufgebaut ist. Das haben mittlerweile auch die meisten Hersteller erkannt. Dennoch gilt: lieber 30,- € mehr auszugeben und sich einen Drucker mit einem soliden Aluminiumprofilrahmen zuzulegen; je dicker und schwerer, desto stabiler. Man erinnert sich an die Resonanzeffekte, die sogar eine Brücke zum Einsturz brachte.

4.3 Elektronik

Bei der Elektronik ist vorwiegend auf Sicherheit zu achten. für das Netzteil sollte beispielsweise eine Sicherung selbstverständlich sein. Praktisch ist auch ein Ein-/Aus-Schalter, damit man nicht immer das Kabel aus der Steckdose ziehen muss.

Vor dem Kauf empfiehlt es sich auch, eine Rezension seriöser Technikportale zu lesen, da dort meist auch die Elektronik aufgeschraubt und geschaut wurde, ob der Hersteller an der falschen Stelle gespart hat.

Ansonsten muss man nach seinen eigenen Ansprüchen schauen, wie z. B. Touchdisplay, WLan-Modul oder Ähnliches.

4.4 Sonstiges

Wie bereits unter den generellen Aspekten erwähnt, ist ein beheiztes Druckbett gerade für Einsteiger sehr wichtig, da es die Haftung des Filaments erhöht. Auch Zusatzfunktionen wie ein Autolevelsensor oder eine Filamentwechsel-Option während des Drucks sind „nice to have“. Allgemein richtet sich auch viel nach dem Budget. Einige günstige Drucker als Bausatz sind teilweise für circa 100,- € zu haben, besitzen aber einen minderwertigen Rahmen, unausgereifte Elektronik und müssen selbst zusammengebaut werden (Arbeitsaufwand ca. 4 - 5 Stunden). Diese waren vor einigen Jahren sehr beliebt, weshalb es hierzulande eine riesige Community gibt – aus heutiger Sicht wird dennoch auf jeden Fall von einem Kauf abgeraten. Man muss mehr Geld in Sicherheitsupgrades, Ersatzteile und möglicherweise betriebsnotwendige fehlende Teile stecken, dass sich die Ersparnis ins Gegenteil verkehrt. Wenn man weniger als 200,- € zur Verfügung hat, ist der Gebrauchtmarkt zu bevorzugen. Es ist lediglich darauf zu achten, dass der Drucker 100 % funktionsfähig ist.

4.5 Eine Übersicht über den aktuellen Markt

Bei einem Neukauf gibt es einige Marken, die sich etabliert haben. Eines der ersten und qualitativ hochwertigsten Unternehmen im Bereich 3DDruck ist nach wie vor Prusa Research mit ihrem Top-Modell dem Prusa i3 mk3, dem Nachfolger des sehr populären i3 mk2.
Dieser dient als „Vorlage“ (um es freundlich zu formulieren) für diverse Nachbauten von anderen Firmen aus Fernost, wie Anet, Creality, Geeetech etc., die sich jedoch vor allem im Low-Price Segment positioniert haben.

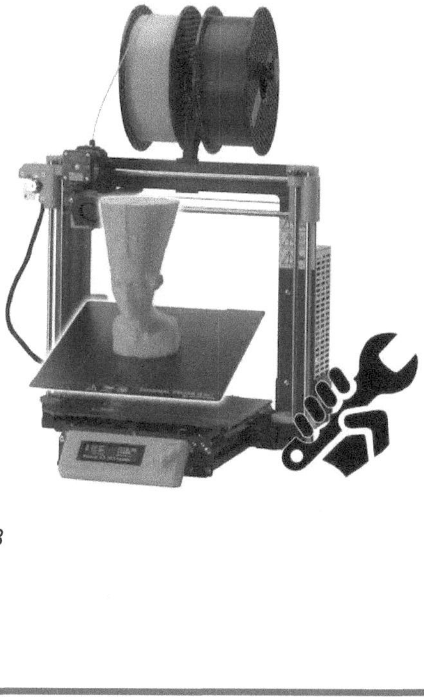

Abbildung 21 Prusa i3 mk3

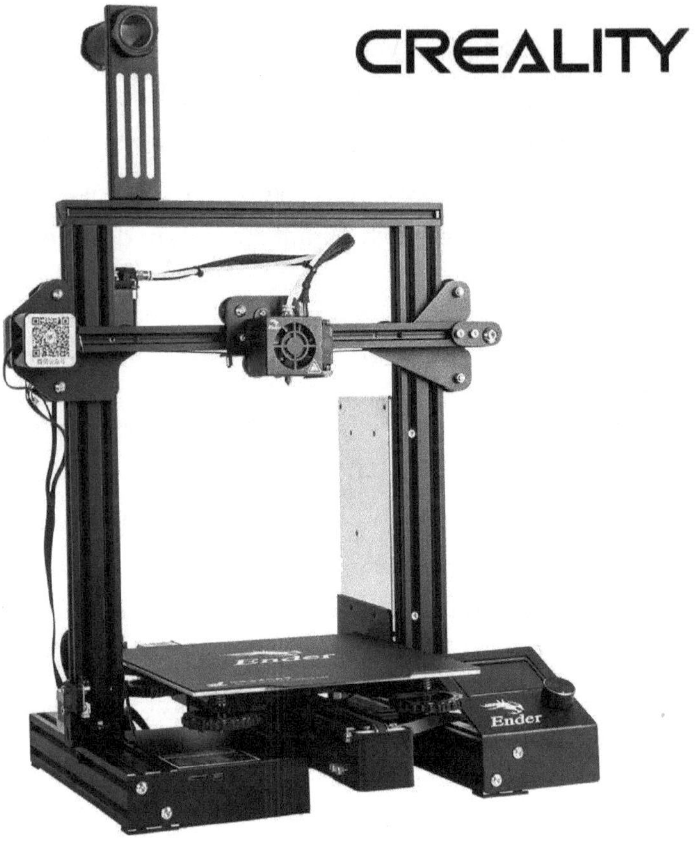

Abbildung 22 Creality Ender 3

Im Preisbereich um circa 200,- € hat etwa der Creality Ender 3 die Nase vorn: ein Prusa i3 Nachbau.

Er bietet einen Aluminiumrahmen, einen Druckbereich von 22 cm in der Länge und Breite sowie 25 cm in der Höhe und kommt halb vormontiert. Der Aufbau dauert 30 Minuten. Features wie Autoleveling oder ein Touchdisplay gibt es nicht. Als Clon des Clons kann auch ein Geeetech A10 für rund 150 € interessant sein. Dieser kommt quasi baugleich, jedoch mit wenig hochauflösendem Display daher.

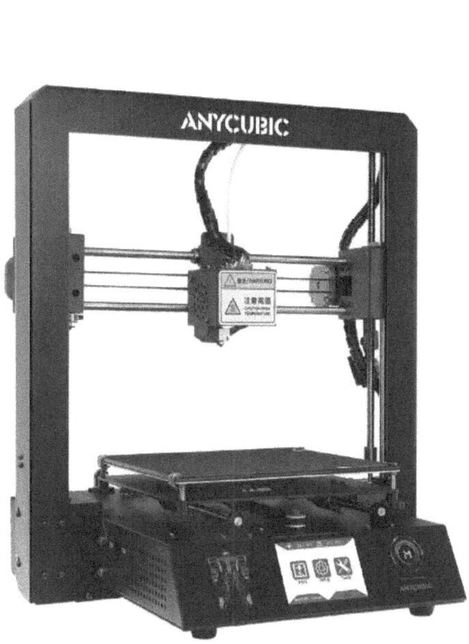

Abbildung 23 Anycubic i3 Mega

Abbildung 24 Elegoo Neptune

Im Preisbereich bis 300,- € gibt es nur wenige Drucker mit gutem Preis-Leistungs-Verhältnis. Empfehlenswert ist der Anycubic i3 Mega. Er hat eine große Community und alle technischen Standards. Eine Alternative und etwas günstiger ist der bereits erwähnte Elegoo Neptune 3D. Die beiden Modelle sind in vielen Punkten identisch und in der Wirkungsweise ebenfalls ein Prusa i3 Nachbau. Sie sind vor allem optisch ansprechend, da sie beide eine Verkleidung um die z-Achse besitzen. Weitere Vorteile sind eine Glasplatte als Druckbett, mit einer Folie überzogen für bessere Haftung, sowie ein 3,5 Zoll (ca. 9 cm) Touchdisplay.

Ein etwas größeres Druckvolumen bietet der JGAURORA A1S mit 30 × 30 × 30 cm, der jedoch die 300 € Marke deutlich knackt. Alternativ wiederum ein Geeetech A20, der einen Druckraum von 25 × 25 × 25 cm besitzt.

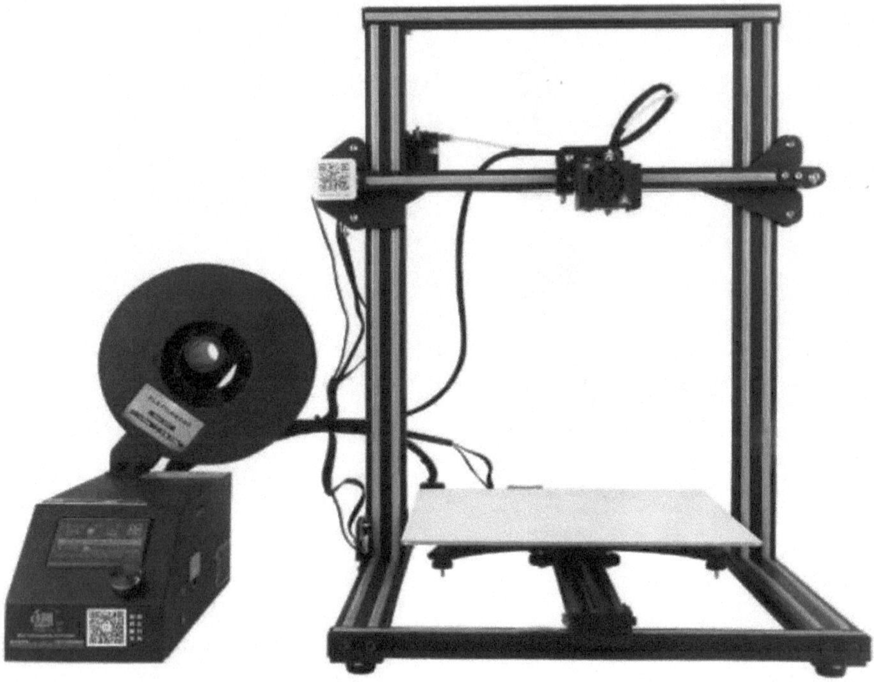

Abbildung 25 Creality CR-10

Will man größer drucken, führt fast kein Weg an einem Creality CR10S vorbei. Dieser hat mit einem Druckvolumen von 30 × 30 × 40 cm mit Abstand den größten Druckraum. Einen noch größeren Druckraum bietet der Anycubic Chiron mit 40 × 40 × 45 cm für über 500 €. Eine Alternative ist ebenso der A-net A8 Plus, mit einem Druckvolumen von 30 × 30 × 35 cm. Außerdem in derselben Liga ist der JGAURORA A5S mit 30,5 × 30,5 × 32 cm oder der Geeetech A30 mit 32 × 32 × 42 cm.

Abbildung 26 Renkforce RF500

Wer in den Olymp der Drucker aufsteigen will, der sollte sich nach einem originalen Prusa i3 mk3 oder nach einem Drucker aus der Conrad-Eigenmarke, der Renkforce Serie (bis deutlich über 1000,- €) umsehen. Vor allem die Renkforce-Drucker sind in puncto Zuverlässigkeit ganz oben anzusiedeln. Das Preis-Leistungs-Verhältnis ist jedoch dementsprechend schlechter. Noch höherpreisiger sind Drucker, die vor allem in der Industrie eingesetzt werden, beispielsweise die Ultimaker Reihe, z. B. der Ultimaker 3 mit gut 3600 €.
Da die meisten Einsteiger jedoch eher Interesse an einem kostengünstigen

Drucker haben, wird auf hochpreisige Drucker nicht näher eingegangen. Allgemein ist alles, was hier genannt wird, natürlich keine konkrete Kaufberatung, sondern lediglich Darstellungen und Eindrücke, die sich auch von einem Großteil der 3D-Community bestätigen lässt. Vor dem Kauf sollte man schauen, ob der Drucker wirklich den eigenen Anforderungen entspricht, ggf. Rezensionen lesen oder YouTube-Videos schauen. Diese sind heutzutage sehr hochwertig produziert und zeigen, worauf man Wert legen muss.

4.6 Welches Filament zum Drucker?

Wie bereits kennengelernt, empfiehlt sich als Anfängerfilament PLA, da dieses keine giftigen Dämpfe abgibt und relativ leicht zu verarbeiten ist. Mit PLA kann man das Prinzip 3D-Druck und seinen Drucker kennenlernen, um anschließend auch andere Filamente, wie PETG, ABS oder Nylon ausprobieren zu können. Bei PLA gibt es Preisbereiche von 12,- € pro Kilogramm bis hin zu 50,- € pro Kilogramm. Die meisten liegen im Bereich zwischen 18,- € und 25,- €. Qualitativ hochwertige Marken sind Janbex' (ca. 23,- €/kg), ‚Das Filament' (ca. 22,- €/kg) oder auch teilweise ‚Amazon Basics' (unter 20,- €/kg). Auch ‚Geeetech' und ‚Eryone' sind etablierte Marken mit konstant hoher Qualität (ca. 22,- €/kg).

Alles, was preislich darunter liegt, kann nicht empfohlen werden. Natürlich ist ein Druck auch mit günstigen Filamenten möglich, aber gerade zu Beginn kann einem das richtige Filament unverschuldet missglückte Drucke und viele Nerven ersparen.

Achtung: Alle genannten Drucker benötigen Filament mit 1,75 mm Durchmesser. Unbedingt darauf achten!

Zusammenfassend sei gesagt, mit einem neuen Drucker kauft man sich auch ein neues Hobby. Den Drucker hinstellen, einmal alle Standard-Einstellungen eingeben und er läuft für die nächsten Jahre, funktioniert so in der Praxis leider nicht. Es gibt viele bewegliche und Verschleißteile, oder ein elektronisches Bauteil gibt mal den Geist auf. Aber hier auch wieder keine Sorge. Ein

3D-Drucker im Prusa-i3-Style ist keine Raketenwissenschaft, wie bereits in den vorherigen Kapiteln behandelt wurde. Man muss kein Maschinenbau-Master sein, um Modifikationen vornehmen zu können. In vielen Foren oder bei YouTube gibt es exzellente Schritt-für-Schritt Anleitungen, für beinahe jedes Druckermodell.

5. Erste Drucke

5.1 Von der Idee zum Maschinencode

Nachdem der richtige Drucker und das Filament für die entsprechenden Bedürfnisse gefunden wurde, kommt jetzt der praktische Teil.

Wer sich einen 3D-Drucker zulegt, hat meistens einen sehr kreativen Antrieb. Wen reizt die Vorstellung nicht, dass man seine Idee eines Objekts in eine handfeste Skulptur umwandeln kann? Ersatzteile, Geschenke, Spielereien – der Kreativität sind keine Grenzen gesetzt. Es empfiehlt sich systematisch vorzugehen

Bevor eine Figur gedruckt werden kann, muss die Idee zunächst in eine Computer-Simulation, ein 3D Modell, umgewandelt werden.

Die computerunterstützten Designprogramme zum Erstellen von 3D-Modellen werden unter der Abkürzung „CAD“ (computer-aided design) zusammengefasst.

Dafür gibt es von Microsoft Windows bereits einfache Programme, wie den ‚Windows 3D Builder‘. Dieser ist für Anfänger geeignet, um zum Beispiel einfache Blöcke oder kleinere, einfache Formen und Teile zu gestalten. Realitätsechte Gesichtszüge oder filigrane Elemente bekommt man damit jedoch nicht hin. Für kleine Ersatzteile oder einfache Formen wie Zahnräder oder Ähnliches gibt es Software wie ‚FreeCad‘, ‚123D Design‘ oder ‚Tinkercad‘. Im Hobby-Bereich hat sich die Software ‚Fusion 360‘ weitgehend etabliert, mit der man komplexe, technische Modelle erstellen kann.

Weiterhin gibt es CAD Software für den professionellen Gebrauch, wie es auch Filmstudios verwenden. Diese sind oft teuer und mühselig zu erlernen.

Um direkt loslegen zu können, wird im Rahmen dieses Ratgebers auf bereits existierende 3D-Modelle zurückgegriffen. Die Community um den 3D-Druck hat schon sehr viele Modelle erstellt und teilt diese auch gerne. Daher kann man auf Internetseiten, wie thingiverse.com, youmagine.com, pinshape.com oder cults3d.com nach bereits bestehenden 3D-Modellen suchen. Dabei ist darauf zu achten, dass die Dateien je nach Objekt nur kostenpflichtig oder bloß mit Anmeldung herunterzuladen sind. Ein großer Vorteil von thingiverse.com ist, dass alle Modelle kostenfrei heruntergeladen werden können – es ist allerdings darauf zu achten, dass die gewerbliche Nutzung nicht grundsätzlich zulässig ist. Außerdem kann man dort auch sehr komplexe Modelle, teilweise von professionellen Designern, finden.

Nachdem man ein geeignetes Modell gefunden und heruntergeladen hat, muss man das Modell noch für den 3D-Drucker vorbereiten.

Als Beispiel für diesen Ratgeber wird das Objekt „Owl Statue" vom Nutzer „Cushwa" verwendet. Ein sehr beliebtes Modell einer Eule auf einem Baumstamm. Zu finden unter: https://www.thingiverse.com/thing:18218

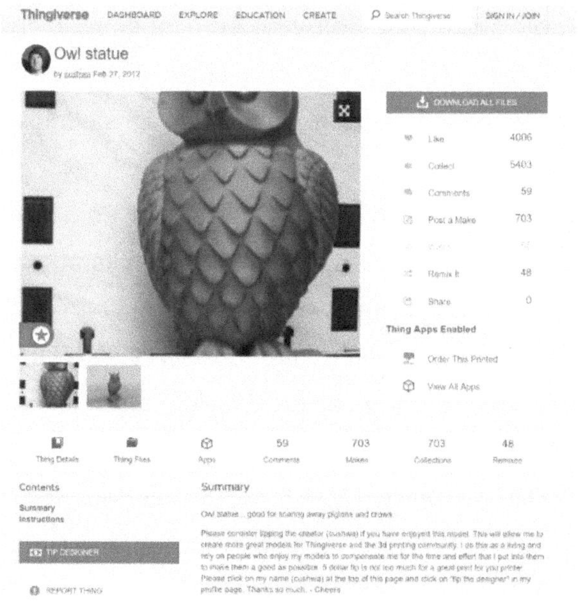

Abbildung 27 ‚Owl statue' von ‚cushwa'

Nachdem alle Dateien heruntergeladen und entpackt sind, findet man (neben dem Ordner mit Bildern und Beschreibung) im Ordner „files“ das 3D Modell der Eule im stl-Format, das nun nur noch für den Druck vorbereitet werden muss.

Der 3D-Drucker ist eine relativ „dumme“ Maschine, die lediglich Maschinenbefehle, sogenannte G-Codes, ausführt. Man benötigt also ein Programm, das aus dem Modell eine Liste an den Drucker angepasster Maschinenbefehle erstellt.

Programme, die G-Code generieren, sind unter dem Namen „Slicer“ (to slice engl. für (zu-)schneiden) bekannt. Hier gibt man sein 3D-Modell ein, stellt einige Punkte, wie Temperatur oder Druckgeschwindigkeit ein und erhält die fertige G-Code-Datei, die der Drucker weiterverarbeiten kann. Bekannte Slicer-Programme sind unter anderem ‚Ultimakers Cura‘, ‚Simplify3D‘, ‚Octoprint‘, ‚Sl3cer‘ und viele mehr.
Als Anfänger ist die kostenlose Software Cura zu empfehlen, da diese viele Druckerprofile, also die Einstellungen für einen 3D-Drucker, bereits eingespeichert hat sowie viele Zusatzfunktionen und Einstellmöglichkeiten beinhaltet.
Außerdem wird Cura auch von einem Großteil der Community genutzt, sodass dort bei Fragen schnelle Hilfe gegeben werden kann.
Die aktuellste Version kann unter https://ultimaker.com/en/products/ultimaker-cura-software heruntergeladen werden. Nachdem Cura installiert wurde, muss man die Einstellungen für seinen Drucker eingeben. Wie bereits erwähnt, sind viele bekannte Druckerprofile bereits eingespeichert. Falls der Drucker hier nicht enthalten sein sollte, kann man unter „Custom“ individuelle Daten wie Druckbettgröße und so weiter eingeben.
Als Beispieldrucker wird der Elegoo Neptun herangezogen. Es gibt zwar

bereits eine Voreinstellung für das Modell Neptun von Elegoo, doch zur Veranschaulichung wird ein neues Custom Profil angelegt. Der Drucker misst ein Druckvolumen von 20,5 × 20,5 cm (in Cura ist alles in mm eingeben, daher 205 × 205 mm). Weiterhin hat der Drucker ein beheiztes Bett und eine Düse mit einem Durchmesser von 0,4 mm. Als Filamentdurchmesser wird unter Extruder 1,75 mm angegeben. Standardmäßig ist hier 2,85 mm eingestellt – also unbedingt ändern! Nachdem das Druckerprofil angelegt wurde, gelangt man zum Hauptbildschirm von Cura. Falls Cura noch auf Englisch eingestellt ist, kann man unter Preferences → configure Cura → General → Language die Sprache auf Deutsch umstellen. Cura muss anschließend neu gestartet werden.

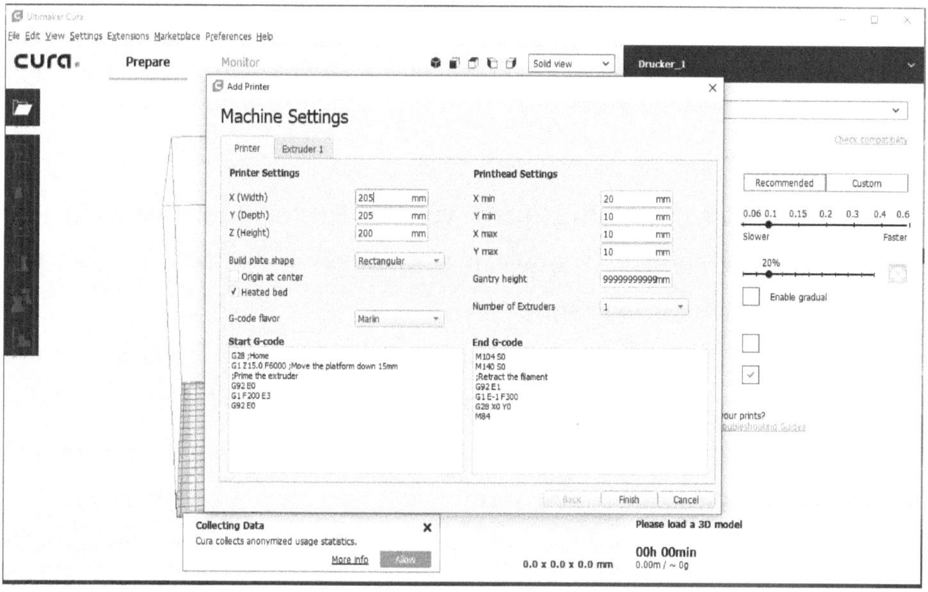

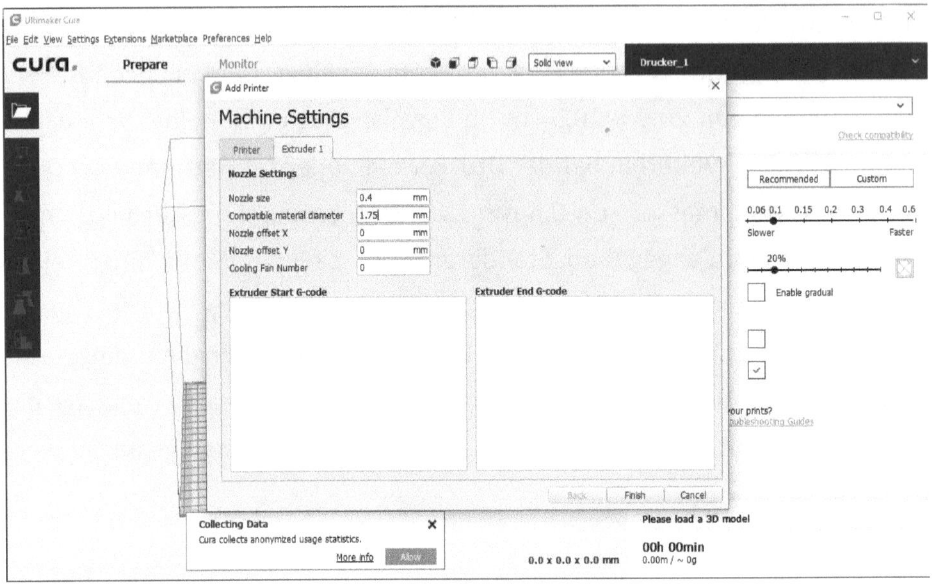

Abbildung 28 Aufsetzen des Profils

Der größte Teil des Druckerfolgs hängt von den Einstellungen und nicht vom Drucker selbst ab. Deshalb ist es wichtig, dass man die Einstellmöglichkeiten sowie deren Auswirkungen kennt.

Zunächst ist zu verstehen, wie ein Objekt grundsätzlich gedruckt wird. Cura unterteilt das Objekt in Schichten und berechnet für jede Schicht den Fahrweg des Druckkopfes. Da es eine riesige Filamentverschwendung wäre und die Druckzeit in die Höhe triebe, wenn man jedes Objekt zu 100 % aus Filament druckt, unterteilen alle Slicer-Programme das Objekt in Wände, die vollständig gedruckt werden, und in den inneren Bereich, der später nicht mehr sichtbar ist. Dieser Bereich wird mit einem dünnen Muster ausgefüllt, sodass nicht 100 %, sondern nur 50 %, 20 % oder noch weniger des Objektinneren ausgefüllt ist. Das spart Filament und Zeit. Ein anderer Aspekt hierbei ist, dass die Stabilität eines Objekts auch von der Fülldichte abhängt. Für funktionelle Teile verwendet man dementsprechend deutlich mehr Füllung als für Figuren, die nur einen dekorativen Zweck erfüllen. Schaut man in Cura (bei der aktuellen Version auf dem Bildschirm rechts) auf die Einstellmöglichkeiten, wird man schnell überwältigt. Dabei gibt es viele nicht primär erforderliche Einstellungen bzw. Parameter, die auf den ersten Blick keine signifikanten Unterschiede zeigen und andere, die wichtig wären, aber standardmäßig nicht angezeigt werden. Um die Einstellungen zu alterieren, klickt man neben der jeweiligen Kategorie (beispielsweise Qualität) auf das Zahnrad. Es öffnet sich eine Liste mit allen Einstellmöglichkeiten, die man per Klick aktivieren kann. Es werden die Einstellmöglichkeiten und deren Beschreibungen systematisch erklärt.

Abbildung 29 Unterschied 0,1 mm / 0,2 mm Schichtdicke

QUALITÄT

Schichtdicke

Die Schichtstärke gibt an, wie dick eine aufgetragene Schicht sein soll. Je dünner die Schicht, desto weniger sichtbar werden die einzelnen Schichten, jedoch dauert somit der Druck auch länger.

Als Richtwert kann man sagen, dass 0,2 mm eine gute Mischung aus Druckzeit und Qualität darstellt. Schichtdicken im Bereich von 0,1 mm verwendet man für sehr detailreiche Figuren, und größere Schichtdicken bei weniger filigranen, aber funktionalen Teilen, bei denen es nicht so sehr auf die Optik ankommt. Bei der Abbildung kann man zum Beispiel an den Ohren den ‚Treppenstufeneffekt' bei 0,2 mm Schichtdicke erkennen.

Zusatzoption: Dicke der ersten Schicht

Im Gegensatz zur Wandstärke ist die ‚Dicke der ersten Schicht' nur für die erste Schicht verantwortlich und ein wichtiger Parameter. Dieser entscheidet auch darüber, wie gut der Druck am Druckbett haftet.

Bei guter Haftung kann man diesen Wert bei 0,2 – 0,3 mm belassen.

GEHÄUSE

Wanddicke

Hier kann man die Wandstärke erhöhen, also den Bereich, der das Gehäuse des Objekts bildet und zu 100 % ausgefüllt wird. Das ist vorwiegend sinnvoll, wenn der Druck stabilisiert werden muss. Ansonsten kann alles auf Standard belassen werden. 0,8 mm reicht in der Regel für ein gutes Druckbild und mittlere Stabilität aus.

FÜLLUNG

Fülldichte

Die Fülldichte entscheidet, wie viel Material verbraucht wird und wie lange der Druck dauert. Für funktionelle Teile empfiehlt sich eine Fülldichte von 40 bis 80 %. Bei Figuren reichen meistens 20 %. Damit spart man sich neben Filament auch Zeit.

MATERIAL

Drucktemperatur

Die Drucktemperatur ist von Filament zu Filament sowie von Drucker zu Drucker unterschiedlich und muss durch Probedrucke ermittelt werden. Die Angaben des Herstellers liegen in einem sehr großen Bereich, zum Beispiel 180 – 220 °C. Als Richtwert für PLA kann man 200 °C – 210 °C verwenden.

Zusatzoption: Drucktemperatur der ersten Schicht

Diese Temperatur gilt nur für die erste Schicht. Danach wird wieder die allgemeine Drucktemperatur übernommen. Die Drucktemperatur der ersten Schicht soll aus Haftungsgründen circa 10 °C bis 20 °C über der normalen Drucktemperatur liegen. Im Beispiel 220 °C.

Temperatur Druckplatte

Die Druckbetttemperatur gibt an, auf welche Temperatur das Druckbett während des gesamten Drucks gehalten wird. Das ist wiederum stark abhängig vom Filamenttyp. Ein grober Richtwert für PLA ist 50–60 °C.

GESCHWINDIGKEIT

Druckgeschwindigkeit

Die Druckgeschwindigkeit gibt an, wie schnell generell gedruckt, also wie schnell der Druckkopf bzw. das Bett bewegt wird. Je langsamer die Geschwindigkeit eingestellt wird, desto besser ist die Druckqualität, jedoch dauert dann auch der Druck entsprechend länger. 60 mm/s ist ein guter Mittelwert, für kleinere Objekte geht man auf 20–30 mm/s herunter. Ebenso gilt für flexibles Filament, eine niedrige Druckgeschwindigkeit zu wählen.

Zusatzoption: Bewegungsgeschwindigkeit

Die Bewegungsgeschwindigkeit gibt an, wie schnell sich der Druckkopf über leere Stellen zum nächsten Druckpunkt bewegt. Diese Geschwindigkeit kann man deutlich höher einstellen als die Druckgeschwindigkeit, da sie die Qualität des Drucks nicht direkt beeinflusst. Jedoch muss man beachten, dass die Hardware des Druckers, sprich Motoren und Führung, hierfür ausgelegt ist. Beispielsweise ist beim Elegoo Neptun eine Bewegungsgeschwindigkeit von maximal 100 mm/s zulässig.

Zusatzoption: Geschwindigkeit der ersten Schicht

Da die Haftung am Druckbett oft zu Problemen führt, empfiehlt es sich, die

Geschwindigkeit der ersten Schicht auf circa 50 % der normalen Druckgeschwindigkeit zu setzen, der Softwareentwickler hat diese Option aus gutem Grund vorgegeben.

KÜHLUNG

Ist ein Bauteillüfter vorhanden, kann man hier einstellen, wie stark er das Filament nach dem Druckauftrag an das zu bauende Objekt kühlen soll.
100 % ist voreingestellt und passt in den meisten Fällen.

STÜTZSTRUKTUREN

Bei bestimmten Objekten ist denkbar, dass der Drucker überhängende Wände drucken oder gar in der Luft mit dem Druck beginnen muss. Damit das gelingt, werden Stützstrukturen (supports) errechnet, die wie eine Art Gerüst unter den kritischen Stellen gedruckt werden und diesen Halt geben. Nach dem Druck werden diese Strukturen einfach herausgebrochen. Der Beispielslicer ‚Cura' zeigt kritische Stellen rot an (Abb. 30 links). Die Stützstrukturen sind nach dem Vorbereiten des Objekts dann in Blau sichtbar (Abb. 30 rechts).

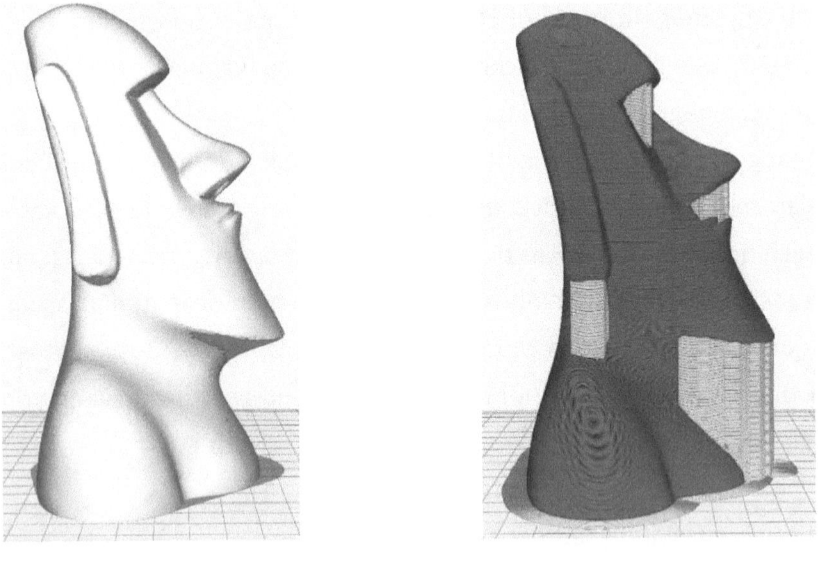

Abbildung 30 Stützstruckturen in der Schichtenansicht

DRUCKPLATTENHAFTUNG

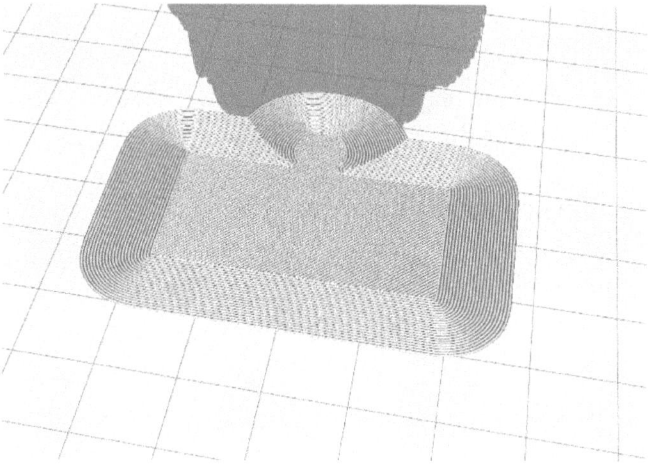

Abbildung 31 Brim Vorschau

Damit das Objekt besser am Druckbett haftet, kann eine Umrandung, ein sogenanntes „Brim“ eingestellt werden. Dies kann beispielsweise verhindern, dass sich die Ecken vom Druckbett lösen (‚upwarpen’). Wenn man keine Haftungsprobleme hat, kann man diesen Punkt vernachlässigen.

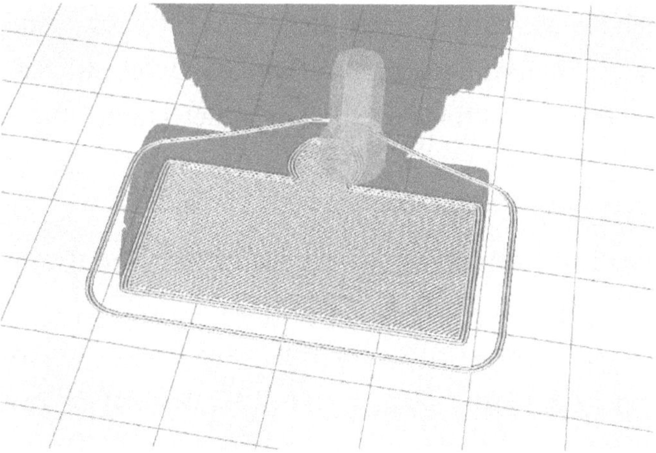

Abbildung 32 Skrit Vorschau

Weiterhin gibt es die Funktion „Skrit“, die das Druckobjekt umrandet. Damit wird der Filamentfluss vor dem Druck homogenisiert. Die eigentliche Haftung des Drucks an der Druckplatte wird dadurch nicht verbessert.

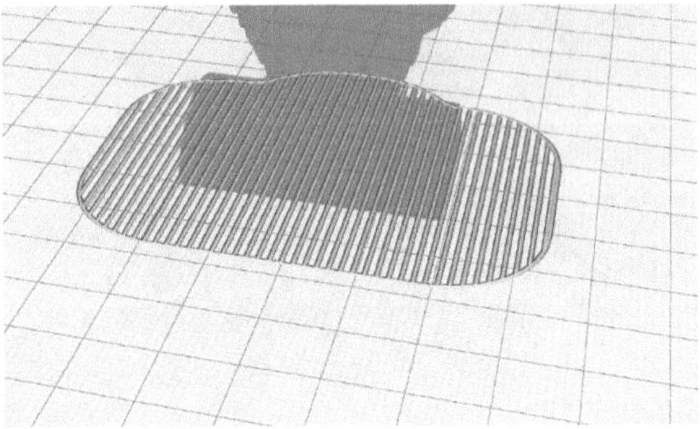

Abbildung 33 Raft Vorschau

Als Letztes ist mit „Raft“ eine Funktion verfügbar, die praktisch ist, wenn die Figur nur sehr wenig Auflagefläche auf dem Druckbett hat, beispielsweise eine Kugel. Mit Raft wird ein Gitter unter das Objekt gedruckt, um eine gleichmäßige Haftung zu ermöglichen. Das Objekt wird in diesem Fall einige Schichten angehoben.

Nachdem man die wichtigsten Einstellungen des Sliceprogramms kennengelernt hat, wird das Objekt gesliced. Dazu wird die Datei, also die Eule mittels des Mauszeigers in den virtuellen Bauraum gezogen (drag). Die Eule wird geladen und man bekommt eine Vorschau der Eule. Bei den Einstellungen wird die empfohlene Schichtdicke von 0,2 mm beibehalten und als „Dicke der ersten Schicht“ wird 0,2 mm verwendet. Die Wanddicke wird standardmäßig bei 0,8 mm belassen, ebenso die Füllung bei 20 %.
Weiterhin sind die Temperaturen abhängig vom Filament einzustellen. Für PLA sind Temperaturen von 200 °C und 60 °C für das Bett optimal. Die Druckgeschwindigkeit ist bei 60 mm/s – ein guter Mittelwert. Die Zusatzoption Bewegungsgeschwindigkeit wird auf 100 mm/s reduziert.

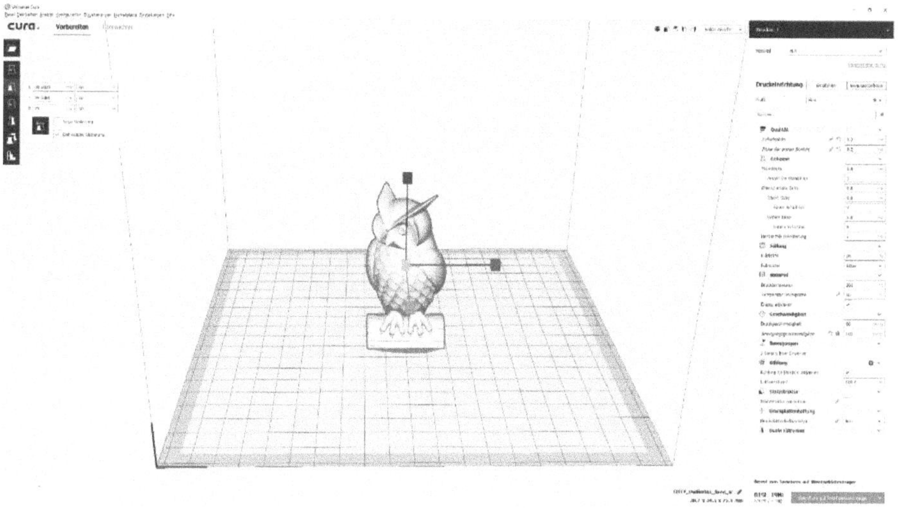

Abbildung 34 Cura Benutzeroberfläche

Den Bauteillüfter muss man für eine gute Kühlung aktivieren und 100 % einstellen. Zur besseren Haftung empfiehlt sich eine Druckplattenhaftung zu aktivieren. Im Beispiel wurde „Brim" ausgewählt. Die Einstellungen sind so weit abgeschlossen. Anschließend klickt man auf das Modell und kann es seitlich in der linken Schaltfläche skalieren. Dort kann man die Größe des Drucks anpassen. Im Beispiel wurde bei einer einheitlichen Skalierung (die drei Achsen jeweils gleich) die Figur auf 50 % reduziert.

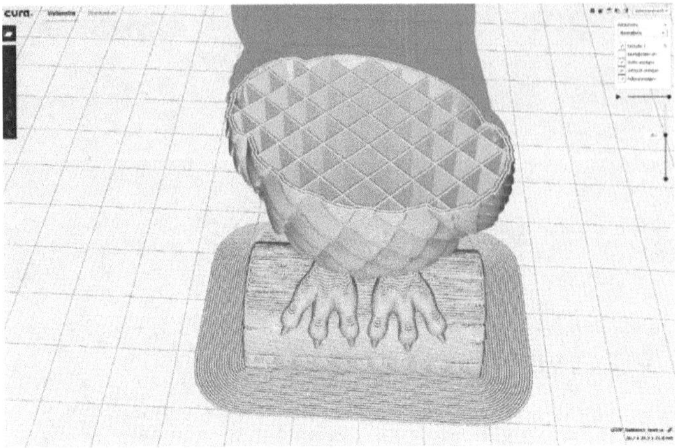

Abbildung 35 Vorschau Infill in der Schichtenansicht

Jetzt kann die Datei mit „Vorbereiten“ gesliced werden. Das dauert, je nach Leistung des Computers, einige Sekunden. Wählt man oben rechts, statt „Solide Ansicht“, den Punkt „Schichtenansicht“, kann man sehen, wie das Objekt Schicht für Schicht aufgebaut wird. Man kann das Brim sowie die Füllung im Inneren erkennen. Mit dem Regler an der Seite kann man die verschiedenen Schichten als Animationssimulation durchlaufen. Falls Stützstrukturen aktiviert sind, werden diese in einer anderen Farbe angezeigt.
Anschließend wird die generierte Datei auf einer SD-Karte gespeichert. Nachdem die Meldung der erfolgreichen Speicherung erscheint, ist das erste Modell druckbereit. Statt die Datei auf einer SD-Karte zu speicher, kann die Datei auch direkt über eine USB, LAN oder WLAN-Schnittstelle an den Drucker gesendet werden.
Wenn die Datei in einem Texteditor geöffnet wird, sieht man, dass die Datei aus einer Abfolge von Maschinencodebefehlen besteht. Zur Erläuterung: Alles, was hinter einem Semikolon geschrieben ist, ist ein Kommentar, der die Lesbarkeit erhöht, aber kein Befehl für den 3d-Drucker ist.

```
CFFFP_OwlReDo1_fixed_sc.gcode - Editor
Datei  Bearbeiten  Format  Ansicht  Hilfe
;FLAVOR:Marlin
;TIME:4750
;Filament used: 5.91291m
;Layer height: 0.2
;Generated with Cura_SteamEngine 3.6.0
M140 S60
M105
M190 S60
M104 S200
M105
M109 S200
M82 ;absolute extrusion mode
G28 ;Home
G1 Z15.0 F6000 ;Move the platform down 15mm
;Prime the extruder
G92 E0
G1 F200 E3
G92 E0
G92 E0
G1 F1500 E-6.5
;LAYER_COUNT:376
;LAYER:0
M107
G0 F3000 X79.012 Y83.916 Z0.2
;TYPE:SKIRT
G1 F1500 E0
G1 F1800 X79.634 Y83.429 E0.02627
G1 X80.301 Y83.007 E0.05253
G1 X81.008 Y82.655 E0.07879
G1 X81.747 Y82.377 E0.10506
G1 X82.668 Y82.143 E0.13666
G1 X83.288 Y82.025 E0.15765
G1 X84.07 Y81.916 E0.18391
G1 X84.742 Y81.887 E0.20629
G1 X120.723 Y81.867 E1.40302
G1 X121.511 Y81.907 E1.42926
G1 X122.164 Y82 E1.4512
G1 X122.783 Y82.116 E1.47215
G1 X123.551 Y82.301 E1.49842
G1 X124.296 Y82.562 E1.52468
G1 X125.011 Y82.898 E1.55095
```

Abbildung 36 Auszug GCODE Datei

So also die Software (Marlin), die errechnete Zeit TIME:4750 (Sekunden) oder auch weiter unten G28; HOME, was den Maschinenbefehl zum Homen, also dem Zurückfahren der Achsen vor Druckstart, beschreibt.

5.2 Vom Maschinencode zum 3D-Druck

Zunächst wird der Drucker aufgebaut und angeschlossen. Das funktioniert bei jedem Modell etwas anders. Die meisten modernen 3D-Drucker kommen semi-vormontiert und man muss lediglich einige Teile des Rahmens zusammenschrauben, die zum sparsameren Transport nicht montiert sind. Bei einem Bausatz oder Selbstbau dauert der Aufbau dementsprechend länger, weswegen für Einsteigern ein teil- oder vollständig montierter Drucker empfehlenswert ist.

Nachdem der Drucker steht, geht es an die Verkabelung. Die Anleitung und verpolungssichere Stecker machen es auch einem Laien ohne große Elektronikkenntnisse möglich, den Drucker korrekt zu verkabeln. Es empfiehlt sich weiterhin, wenn der Hersteller nicht schon extra Maßnahmen dafür getroffen hat, alle losen Kabel zu fixieren, die sich im Betrieb nicht bewegen müssen, damit diese die beweglichen Teile nicht behindern können. Am besten mit Kabelbindern – oder später, wenn der Drucker läuft, etwas eleganter mit 3D-gedruckten Halterungen.

Ist die Elektronik richtig angeschlossen und erhält der Drucker Strom, kann man ihn zum ersten Mal zum Leben erwecken. Man kann sich mit einem drehbaren Bedienknopf oder via ‚touch' durch das Menü arbeiten. Die meisten Menüs sind sehr intuitiv und benutzerfreundlich. Nachdem man alle Achsen einmal vor- und zurückgefahren hat und der erste Spieltrieb erloschen ist, kann man mit der Vorbereitung für den ersten Druck – dem Leveln des Druckbetts – beginnen.

Manuelles Leveln:

Das Ziel des Levelns ist es, dass die Düse den richtigen Abstand zum Heizbett einnimmt.

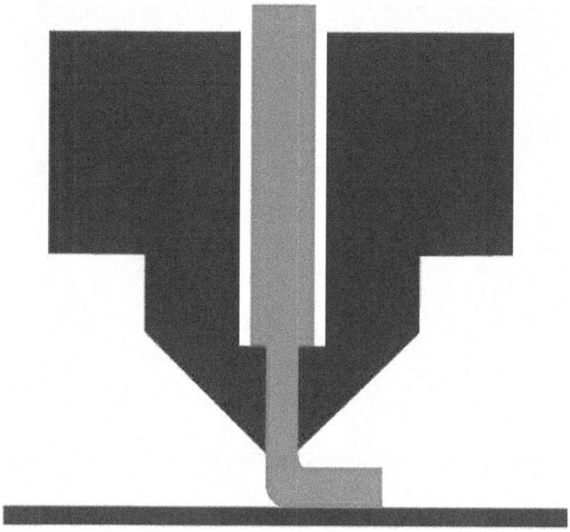

Abbildung 37 Düse zu weit vom Druckbett entfernt

Ist die Düse zu weit vom Heizbett entfernt, wird zu wenig Druck auf das Filament ausgeübt. Es hat keine oder eine nur schlechte Haftung. Die Ecken oder der ganze Druck können sich lösen.

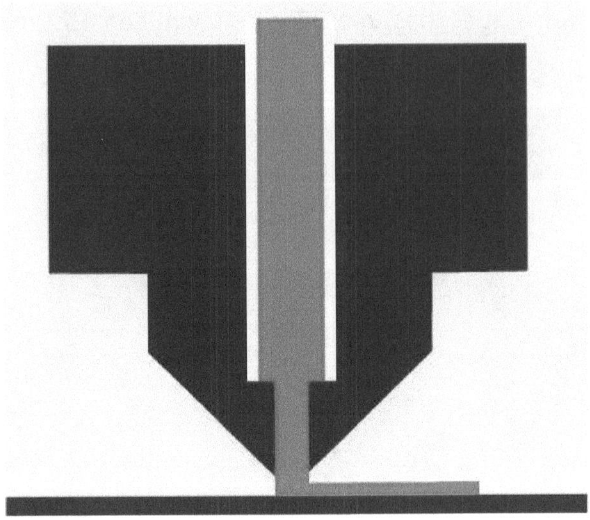

Abbildung 39 Düse zu nah am Druckbett

Ist das Druckbett zu hoch gelevelt bzw. die Düse zu dicht am Bett, kann das Filament nicht einwandfrei austreten und der Filamentfluss ist beeinträchtigt. Dadurch kann beispielsweise das Bett oder der Extrudermotor beschädigt werden, wenn er das Filament gegen den erhöhten Widerstand schieben muss.

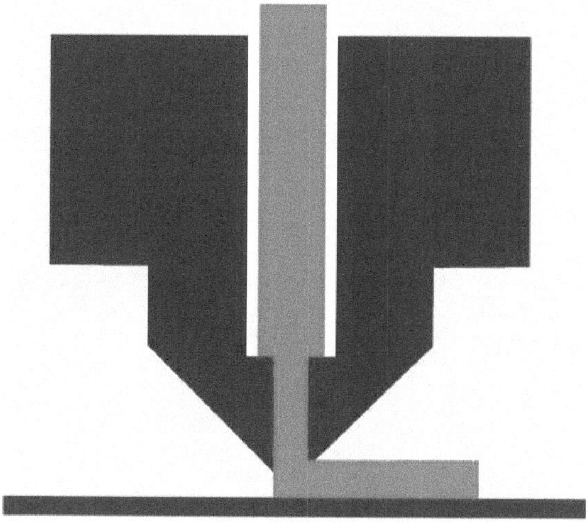

Abbildung 38 korrekter Abstand von der Düse zum Heizbett

Das Bett ist richtig gelevelt, wenn das Filament genügend Druck auf das Bett hat, ohne dass der Fluss des Filaments unterbrochen werden kann. So erzielt man die beste Haftung und damit die besten Ergebnisse.

Deswegen ist es wichtig, darauf zu achten, dass das Bett weder zu hoch noch zu tief gelevelt ist. Aber wie levelt man das Bett nun konkret?

Abbildung 40 Manuelles Leveln mit Hilfe eines Thermopapiers

Im Auslieferungszustand ist das Druckbett voraussichtlich nicht perfekt parallel zu den Achsen ausgerichtet. Dafür sind Rändelschrauben montiert, mit denen man die Ecken des Druckbetts anheben oder absenken kann. Dabei sollte man systematisch vorgehen:

Zunächst werden alle Schrauben bzw. Rädchen des Druckbetts bis zum Anschlag zugeschraubt, dass sich das Bett in der niedrigsten Position befindet. Jetzt wird das Bett auf die gewünschte Drucktemperatur vorgeheizt. Bei PLA beispielsweise 60 °C. Anschließend wird im Drucker-Menü die Home-Funktion ausgewählt. Diese heißt meistens „Home All“, „Auto Home“, „Alle

Achsen zurückfahren". Einige Drucker unterstützen bereits softwaremäßig eine Levelfunktion. Falls diese vorhanden ist, kann man hier „leveln" auswählen. Der Drucker wird auch in diesem Fall zunächst zur Home-Position fahren. Jetzt wird ein hauchdünnes Papier benötigt, das man zwischen Heizbett und Düse setzt. Am besten eignet sich Thermopapier, also beispielsweise ein alter Kassenzettel. Zur Not genügt jedoch auch ein dünnes Druckpapier. Anschließend wird der Druckkopf in die Mitte des Heizbetts gefahren.

Bei einem 200 × 200 mm Heizbett, also auf den Punkt: X = 100 mm und Y = 100 mm. Darauf wird die z-Achse bis auf Z = 0 mm heruntergefahren. Danach werden alle Rädchen gleichmäßig hochgeschraubt, bis zwischen Thermopapier und Düse so wenig Platz ist, dass man beim Bewegen des Papiers einen leichten Widerstand spürt. Lässt sich das Thermopapier nicht mehr bewegen, war es zu viel und man muss alle Schrauben wieder etwas anziehen (herunterdrehen). Ist der Druck zu leicht, muss man die Schrauben dementsprechend wieder lösen. Oft ist auf den Rändelschrauben beschrieben, in welche Richtung die Schrauben gedreht werden müssen, um das Bett anzuheben oder abzusenken. Das muss gegebenenfalls wiederholt werden, bis die grobe Höhe passt.

Als Nächstes kommt die Feinjustierung. Hierzu werden alle Ecken einzeln nacheinander abgefahren und die jeweilige Schraube so eingestellt, dass die Höhe entsprechend eines leichten Widerstands am Zwischenpapier passt. Die Testpunkte sollten circa 1 - 2 cm vom Druckbettrand entfernt sein. Als Beispiel, die Positionen für ein 200 × 200 mm Druckbett:

vorne links: X = 10 mm, Y = 10 mm
vorne rechts: X = 10 mm, Y = 190 mm
hinten links: X = 10 mm, Y = 190 mm
hinten rechts: X = 190 mm, Y = 190 mm

Hierbei solange wiederholen, bis alle Ecken überprüft sind, und es bei allen Punkten passt. Das kann etwas Zeit in Anspruch nehmen, aber für einen sauberen Druck, speziell die Haftung und die erste Schicht, ist es wichtig, dass das Bett ordentlich gelevelt ist.

Leveln mit Autolevel-Sensor:

Wenn am Drucker bereits einen Autolevelsensor verbaut hat, muss man lediglich den Z-Offset eingeben, also den Höhenunterschied des Sensors und der Düse. Löst der Sensor aus und die Düse ist noch 1 mm vom Druckbett entfernt, ist der Offset -1 mm. Um diesen zu ermitteln, muss zunächst wieder „gehomed" und der Druckkopf über das Bett, am besten mittig, gefahren werden. Auch hier muss das Bett aufgeheizt werden und es wird wieder ein Thermopapier benötigt. Anschließend wird der Kopf so weit heruntergefahren, bis ein Widerstand am Thermopapier zu spüren ist, genau wie beim nor-Leveln ohne Autolevel-Sensor. Jedoch wird nicht das Bett mittels Rändelschrauben angehoben, sondern der Druckkopf über die Bewegungssteuerung herabgesenkt.

Wenn der richtige Punkt gefunden wurde, ist der Druckkopf beispielsweise bei *Z = -1,7 mm*.

Dies ist dann der gesuchte Z-Offset. Diesen kann man meistens bei den Einstellungen unter Z-Offset eintragen. Zu beachten ist, dass der Wert negativ ist, daher wird -1,7 mm eintragen, nicht 1,7 mm!

Jetzt ist das Druckbett gelevelt und der Drucker vollständig vorbereitet. Nach Einlegen der SD-Karte kann unter dem Punkt „Drucken", die G-Code-Datei ausgewählt werden. Der Drucker wird zunächst das Heizbett auf die eingestellte Temperatur vorheizen, in Beispiel auf 60 °C. Das dauert je nach Modell und Temperatur zwei bis fünf Minuten. Anschließend wird die Düse geheizt und der Druck beginnt. Nach circa einer Stunde und 20 Minuten ist der erste Druck vollendet. Falls etwas nicht wie gewünscht funktioniert, ist das halb so wild, da es das bei nahezu Keinem beim ersten Mal tut.

6. Wartung und Verschleiß

Ein 3D-Drucker, vor allem in den niedrigen Preissegmenten, muss in regelmäßigen Intervallen gewartet werden. Dadurch schont man die Hardware, der Drucker wird langlebiger, aber auch das Druckergebnis bleibt gleichbleibend gut. Die meisten Komponenten sollten nach Bedarf und nicht nach einer festen Zeit gewartet werden. Die folgenden zeitlichen Intervalle dienen daher nur als grober Richtwert. Wird der Drucker bewegt, umgebaut oder sonstiges, muss man dementsprechend früher warten.
Zunächst werden die täglichen Wartungsarbeiten erläutert.

6.1 Tägliche Wartung:

Staub und Filamentreste

- Vor jedem Druck sollte der Drucker von Staub und von Filamentresten der vorherigen Drucke (oder Fehlschläge) befreit werden. Wird die Pflege vernachlässigt, kann sich Staub und Filamentreste z. B. am Mainboard oder den Lüftern ansetzen und im schlimmsten Fall zu Überhitzung und Ausfall der Kühlung führen.

6.2 Wöchentliche Wartung:

Reinigen des Druckbetts

- Um die Haftung konstant hochzuhalten und die Druckbettoberfläche langlebiger zu machen, empfiehlt es sich circa einmal in der Woche das Bett von Fett und anderen Rückständen zu befreien. Dabei sollte man keinen zu aggressiven Reiniger verwenden, da dieser die sensible Beschichtung des Druckbetts angreifen kann. Meistens reicht schon warmes Wasser und ein sanftes Spülmittel.

-

Reinigung der Düse

- Die Düse wird mit der Zeit verunreinigt, daher wird die Düse einmal pro Woche mit Hilfe eines Düsenreinigers (diese gibt es für wenige Euro) erhitzt und von außen sowie innen gereinigt. Dabei wird gleichzeitig der Abnutzungsgrad der Düse überprüft.

6.3 Monatliche Wartung:

Allgemeine Reinigung des Druckers

- Circa einmal im Monat sollte man den Drucker grundreinigen. Das bedeutet, dass alle Achsen und Führungen gesäubert werden und von Staub und Verunreinigungen befreit werden. Dabei kann auch der Abnutzungsgrad, beispielsweise der Lager, überprüft werden.

Firmware updaten

Einmal im Monat rentiert es sich einen Blick zu werfen, ob die Firmware des Druckers und die Version des Slicers noch aktuell sind. Meistens findet man die Informationen dazu direkt auf der Website des Herstellers bzw. Distributors.

Extruder säubern

- Vor allem bei Extrudern mit einer geschlossenen Bauweise sollte man die Abdeckung entfernen und abgeschabte Filamentreste mithilfe eines Pinsels entfernen. Das verhindert präventiv das Durchrutschen des Filaments aufgrund zu geringer Haftung am Extruder-Zahnrad.

Kabel überprüfen

- Als Sicherheitsmaßnahme sollte man mindestens einmal im Monat checken, ob alle Kabel der Motoren, des Heizbetts, der Sensoren und Hotends noch intakt sind. Die Isolierung bewegter Kabel kann bei ungeeigneter Fixierung am Rahmen aufreiben.

6.4 Alle 3 - 6 Monate Wartung:

Hotend säubern

- Je nach Nutzungsgrad des Druckers empfiehlt es sich, das Hotend vollständig zu säubern, das bedeutet das komplette Hotend auseinandernehmen, in die Einzelteile zu zerlegen und ggf. festgefressenes Filament am oder innerhalb des Heizblocks sowie der Düse zu entfernen. Durch das ständige Erhitzen und Abkühlen können sich Ablagerungen innerhalb des Hotends festsetzen, die bis zum Verstopfen des Hotends führen können. Dabei kann man auch das PTFE-Röhrchen überprüfen.

Riemenspannung überprüfen

- Der Riemen kann sich mit der Zeit dehnen, durch die ständige Bewegung wird er nachgiebig oder porös. Auch hier ist regelmäßige Wartung und das Überprüfen der Abnutzung von Vorteil, um rechtzeitig einen Ersatzriemen zu ordern.

Schmieren der Führungen

- Sowohl die z-Gewindespindelstangen als auch die x- und y-Achsenführungen sollten mit Nähmaschinenöl eingeschmiert werden. Bei häufiger Nutzung muss das Intervall entsprechend verkürzt werden.

-

6.5 Weitere Tipps für langdauernden Druckspaß

Die Filamentrollen müssen kühl und trocken gelagert werden. Grund dafür ist, dass viele Filamente wie Nylon oder PETG die Luftfeuchtigkeit aus der Luft ziehen und an sich binden. Wird das Filament anschließend verarbeitet, verdampft das am Filament haftende Wasser und verschlechtert das Druckbild. Einige Filamente wie PLA sind davon weniger betroffen, andere wie Nylon sehr stark und sollten nach längerer Lagerung getrocknet werden, oder noch besser in luftdichten Boxen mit Trockenpads (Silikagelkügelchen) aufbewahrt werden.

Wenn absehbar ist, dass man über mehrere Tage nicht drucken wird, wird das Filament aus dem Hotend gezogen und die Rolle aufgerollt. Dabei kann das Hotend gleich oberflächlich gereinigt und eventuelle Filamentreste entfernt werden. Bei Filament mit Zusätzen wie Holz oder Metallpartikeln sollte nach jedem Druck das Filament aus dem Hotend herausgezogen werden, sodass sich die Partikel nicht im Hotend verfestigen können.

6.6 Ersatzteile

Im Falle, dass ein Druckobjekt kurzfristig benötigt wird, wie beispielsweise beim Drucken eines individuellen Geburtstagsgeschenks, ist höchste Dringlichkeit geboten, dann stellt der plötzliche Ausfall des 3D-Druckers ein katastrophales Szenario dar. Ersatzteile zu bestellen würde zu lange dauern und Fachgeschäfte für 3D-Drucker gibt es kaum. Die einzige Möglichkeit ist, sich frühzeitig auf einen Ausfall vorzubereiten.

Denn trotz aller Sorgfalt und Wartung werden früher oder später Teile des Druckers Verschleißerscheinungen aufweisen und ausgetauscht werden müssen. Wenn der Ausfall während eines Drucks passiert, ist das zwar unerfreulich, hat man dann jedoch keine Ersatzteile parat und muss noch einmal einige Tage auf passende Teile warten, ist das besonders ärgerlich, deshalb empfiehlt es sich folgende Teile immer auf Vorrat zu haben.

Düsen:

Es kommt immer mal wieder vor, dass die Düse versehentlich am Heizbett kratzt, verstopft oder einfach mit der Zeit abnutzt. Es empfiehlt sich daher immer ein paar Ersatzdüsen parat zu haben. Fast alle Drucker verwenden Standard Messing Düsen mit 0,2- bis 1mm-Öffnung. Auch wenn sich die Düsen optisch unterscheiden, passen die meisten Düsen auf einen M6-Gewindeheizblock. Diese gibt es auf Webseiten wie Aliexpress oder Ebay direkt aus Fernost für teils 50 Cent pro Stück. Die Lieferzeiten sind mitunter sehr lang (2 - 6 Wochen), daher frühzeitig bestellen. Selbstverständlich sind diese Düsen qualitativ nicht das Maß aller Dinge.

Abbildung 41Ersatz Düsen 0,2 mm bis 1,0 mm

Alternativ gibt es europäische Distributoren wie *E3D*, welche deutlich teurer sind (circa 10 € pro Düse), jedoch konstant, gute Qualität liefern.

Es ist zu beachten, dass nach einem Düsentausch wie bei jedem Umbau das Druckbett neu gelevelt werden muss.

Riemen:
Genauso schnell wie eine Düse verstopft sein kann, kann ein Riemen ausleiern, reisen oder porös werden. Daher empfiehlt es sich immer einige Meter Ersatzriemen parat zu haben, um die druckfreie Zeit möglichst gering halten zu können.

Lager/Rollen:
Die beweglichen Teile des Druckers sind am anfälligsten, daher empfiehlt es sich auch hier rechtzeitig vorzusorgen. Die meisten Drucker verwenden Linearkugellager wie LM8LUU (u. a. Anycubiy i3 Mega) oder Rolllager wie 625ZZ (z. B. der Ender 3, die Geeetech A Serie oder ein Hybrid wie der Elegoo Neptune).

Vor allem bei den Lagern kann man darüber nachdenken, statt auf günstige Chinaware auf deutsche Qualitätslager zu setzen. Diese kosten zwar deutlich mehr, sind jedoch auch langlebiger. So oder so sollte man immer ein paar Ersatzlager, auf Lager haben.

Nachdem nun die größten potenziellen Ausfallherde ausfindig gemacht wurden, werden folgend Fehler beschrieben, die vor allem Anfängern Kopfzerbrechen bereiten können.

Im folgenden Kapitel geht es um die zehn häufigsten Fehlerursachen und deren Behandlung.

7. Die häufigsten Fehlerursachen

Es wäre schließlich zu schön, wenn es beim 3D Druck keine Probleme gäbe. In diesem Ratgeber wurden bisher schon einige Fehlerursachen und Zusammenhänge erklärt. Eine Liste der Probleme, die viele Einsteiger zu Beginn erfahren müssen, werden hier näher behandelt. Hier sind die Top 10 der Einsteigerprobleme beim 3D-Druck:

7.1. Es kommt kein Filament aus der Düse

Beschreibung:
Aus der Düse strömt kein Filament, obwohl sie heiß ist und Filament eingeführt wurde.
Ursache:
Etwas auf dem Weg von Extrudermotor zu Düsenausgang ist verstopft oder der Extrudermotor ist fehlerhaft.
Wenn der Motor sich nicht dreht, ist er defekt oder ein Kabel ist nicht richtig angeschlossen. In seltenen Fällen kann auch das Mainboard die Ursache sein. Dreht sich der Motor, versucht das Filament anzuschieben und klackert? Falls das der Fall ist, ist die Düse oder die Zuleitung durch Schmutz, verkohltes Material oder sonstige Verengungen verstopft. Filament von minderer Qualität, das einen zu dicken oder stark schwankenden Durchmesser hat, kann diesen Effekt ebenfalls verursachen oder verstärken.
Lösung:
Überprüfung aller Kabel und Anschlüsse. In der Anleitung des Druckers kann man die Anschlüsse des Extruders nachschlagen. Falls dies nicht das Problem ist, hilft Reinigen des Druckkopfes oder ein Austausch der Düse.

7.2. Das Objekt löst sich während des Drucks

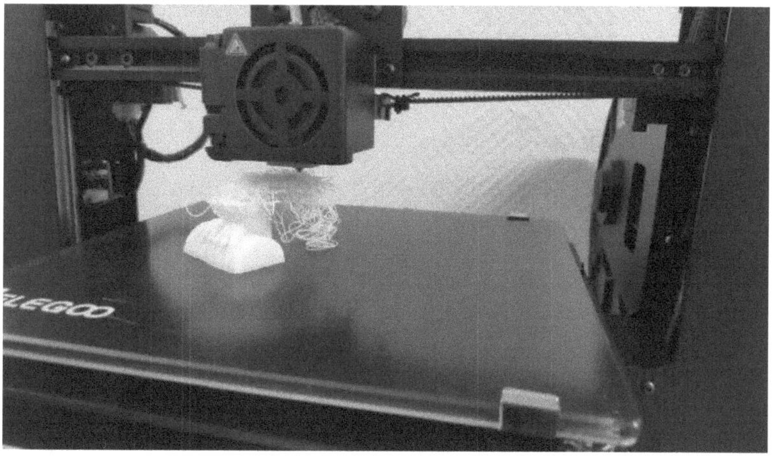

Abbildung 42 Druck löst sich vom Bett

Beschreibung:

Die erste Schicht Filament bleibt nicht am Druckbett haften oder das Objekt löst sich im Laufe des Druckes, sodass ein einziges Knäuel aus Filament entsteht.

Ursache:

Der Drucker verarbeitet Kunststoffe, die sich bei Wärme ausdehnen und beim Abkühlen zusammenziehen. Das heißt, kühlt das Filament von 210 °C oder darüber innerhalb von Sekunden auf Heizplattentemperatur ab, zieht es sich zusammen. Die Schrumpfung (warping) hängt vom Druckmaterial ab (s. Kapitel 3). Ist die Haftung am Bett nicht stark genug, um das Filament am Heizbett zu halten, löst sich der Druck ab. Mit der Zeit nutzt sich auch die Beschichtung des Druckbetts ab und die Haftung lässt nach.

Lösung:

Das Bett muss niedriger gelevelt werden. Außerdem kann man die Dicke der ersten Schicht etwas reduzieren, sodass sie hauchdünn wird. 0,1 – 0,2 mm ist für die erste Schicht ein guter Wert, unabhängig, wie dick die generelle Schichtdicke eingestellt ist.

Weiterhin empfiehlt es sich, die Temperatur der ersten Schicht zu erhöhen, sowie generell die Heizbetttemperatur um einige Grad zu erhöhen. Bei PLA statt den standardmäßigen 50 - 60 °C kann man auch auf 70 - 75 °C erhöhen. Es kann auch Besserung schaffen, die Druckgeschwindigkeit der ersten Schicht zu reduzieren, runter auf 15 mm/s.
Ebenso muss die Druckbetthaftung erhöht werden, beispielsweise durch eine neue Druckbettfolie. Rudimentäre Lösungen, wie aufgeklebtes Malerband oder aufgetragener Kleber, kann ebenfalls die Haftung verbessern.

7.3. Die Ecken des Drucks lösen sich – Warping

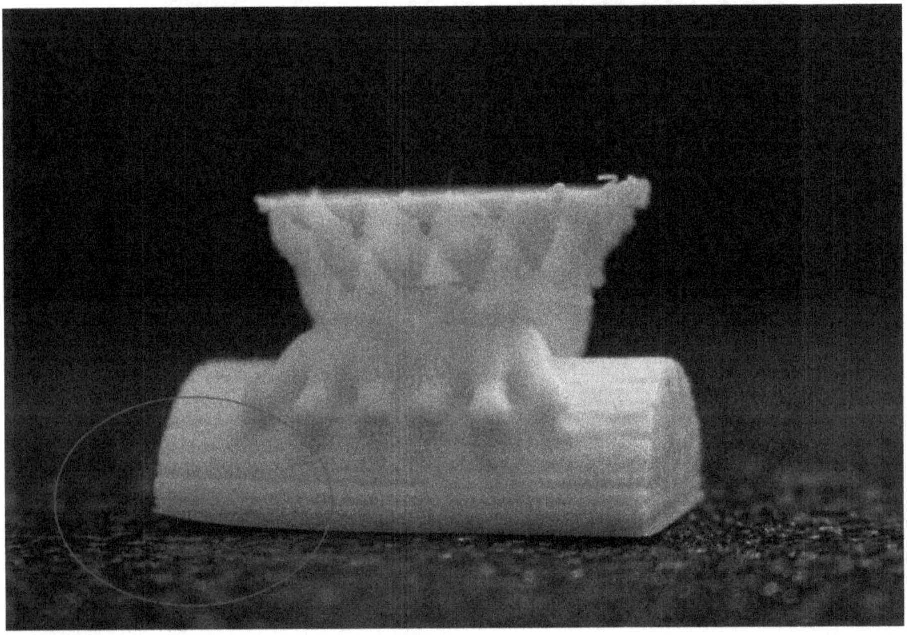

Abbildung 43 Die Ecken des Drucks heben sich

Beschreibung:

Die erste Schicht sieht gut aus, aber nachdem die nächsten Schichten gedruckt wurden, sieht man, dass die Ecken oder ganze Teile des Drucks abheben.

Ursache:

Dasselbe Phänomen wie beim zweiten Punkt, jedoch nicht so stark ausgeprägt. Der Druck haftet am Druckbett, aber, wenn das Filament abkühlt, werden die schwächsten Punkte, und das sind meistens die Ecken, vom Druckbett gelöst.

Lösung:

Hier müssen dieselben Schritte unternommen werden, wie beim zweiten Punkt beschrieben. Entweder die Haftung verbessern, das Bett niedriger leveln oder das Abkühlen verlangsamen, indem man beispielsweise die Temperatur des Druckbetts erhöht. Meistens liegt aber ein Haftungsproblem aufgrund eines nicht korrekt gelevelten Druckbetts vor. Die in Kapitel 5.1 beschriebene Funktion Brim, die für genau dieses Szenario eingerichtet wurde, schafft mit einer Einstellung von 8 mm Brim Abhilfe.

7.4. Löcher im Druck – (teilweise) Unterextrusion

Abbildung 44 Löcher in der Oberfläche

Beschreibung:

Der Druck ist brüchig, löchrig, weißt entweder an bestimmten Stellen oder generell überall oder nur an den Seiten, oben oder unten Lücken auf.

Ursache:

Es kommt zu wenig Filament durch die Düse, dadurch wird zu wenig Material aufgetragen und es entstehen Löcher oder undichte Stellen. Man spricht daher von einer Unterextrusion des Materials.

Entweder, weil der Extruder zu wenig Filament nachschiebt bzw. nachschieben kann, oder weil die Düse zu wenig ausgibt (beispielsweise verstopft). Ist das nur an den Ober- und Unterflächen der Fall, sind diese zu dünn eingestellt.

Lösung:

Zunächst sollte überprüft werden, ob es ein Soft- oder Hardwareproblem ist. Ist der Durchmesser des Filaments auf 1,75 mm gestellt? Bei Cura findet man dies unter Konfiguration-> Drucker → Drucker verwalten → Geräteeinstellungen → Extruder 1

Ebenfalls muss man bei Material → Fluss auf 100 % stellen und schauen, dass bei der Düse der richtige Durchmesser (meistens 0,4 mm) eingestellt ist.

Ist dort alles korrekt eingestellt, kann es sein, dass die Hitze der Düse nicht ausreicht, um das Filament schnell genug zu schmelzen. Dann hilft es, die Temperatur der Düse zu erhöhen und die Geschwindigkeit zu reduzieren. Hilft auch das nichts, ist die Düse verstopft oder blockiert. In dem Fall hilft säubern oder austauschen.

Treten die Löcher nur in den oberen oder unteren Schichten auf, muss die Dicke der oberen/unteren Schicht erhöht werden. Ein guter Wert ist dann 4 - 5 Schichten. Unterstützend kann man auch den Infill erhöhen, da dieser die oberen Schichten stützt.

Weitere unterstützende Einstellungen sind das Verringern der Linienbreite oder weitere Einstellungen, wie das *Erhöhen der Überlappung zweier Linien*.

7.5. Zu viel Material – Überextrusion

Abbildung 45 Überextrusion

Beschreibung:

Die Außenlinien sind schwammig, die Wände haben zu große Rillen/Ausbeulen. Die Details sind unscharf.

Ursache:

Im Gegenteil zur Unterextrusion wird zu viel Filament extrudiert. Dadurch wird das überschüssige Filament an den Seiten herausgedrückt und es entstehen unschöne Ausbeulungen (Plopps).

Man spricht von Überextrusion des Materials.

Lösung:

Überextrusion ist das Gegenteil zu Unterextrusion. Der Fluss muss auf 100 % und der Filamentdurchmesser darf nicht zu klein eingestellt werden. Weiterhin kann ein falscher Düsendurchmesser die Ursache sein. Siehe Konfiguration-> Drucker → Drucker verwalten → Geräteeinstellungen → Extruder. Hilft das nichts, muss der Fluss manuell heruntergeregelt werden. Es empfiehlt sich in 5 % Schritten herunterzugehen, bis sich das Druckbild bessert.

7.6. Druck hat Versatz (layer shifting)

Abbildung 46 Versatz in X-Richtung

Beschreibung:

Das Modell hat Versätze und ist an manchen Stellen verschoben.

Ursache:

Fast immer ist dies ein mechanisches Problem. Irgendetwas hindert die Achse kurzzeitig, sich zu bewegen. Das können lose Kabel sein, zu viel Reibung oder eine Umlenkrolle dreht sich nur schwierig. In seltenen Fällen kann auch die Elektronik (Schrittmotortreiber) fehlerhaft sein. Beispielsweise weil die Motoren oder Treiber überhitzen und Schritte verlieren.

Lösung:

Überprüfung, ob die Achsen schwergängig sind, ob sie einwandfrei zueinander ausgerichtet sind oder ob etwas während des Drucks die Achsen behindert. Falls Schritte verloren gehen, weil die Motoren zu schwach sind, hilft es, die Druckgeschwindigkeit herunterzuregeln oder die Motortreiberspannung leicht anzuheben.

7.7. Fädenbildung (stringing)

Abbildung 47 Stringing

Beschreibung:

Zwischen zwei Punkten ziehen sich Fäden, obwohl dort kein Material sein sollte.

Ursache:

Beim Bewegen des Druckkopfes über eigentlich leere Stellen läuft das noch flüssige Material aus der Düse und zieht Fäden. Das Filament ist zu heiß und läuft einfach heraus.

Lösung:

Bei den meisten Slicers kann man einen Rückzug einstellen, sodass der Extruder das Filament zurückzieht, bevor er über leere Stellen fährt. Bei Cura ist das eine Zusatzfunktion unter der Kategorie „Material". Man kann den

Einzugsabstand sowie die Geschwindigkeit erhöhen. Bei starkem stringing kann man unterstützend die Temperatur des Heizblocks um 5–10 °C reduzieren.

7.8. Füllungslinien an den Außenwänden

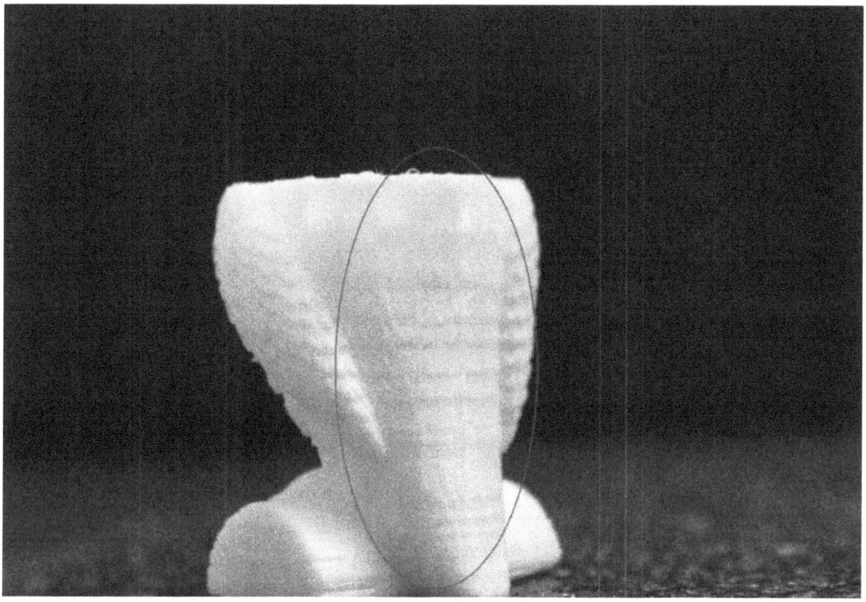

Abbildung 48 Sichtbare Infill Artefakte

Beschreibung:

An den Außenwänden schimmern die Ansatzpunkte des Infills durch. Es sind regelmäßige Muster an den Außenwänden zu sehen.

Ursache:

Die Außenwände sind zu dünn – deshalb ist an den Punkten, an denen die Infill-Linien an der Wand ansetzen, mehr Filament als an den anderen Stellen.

Lösung:

Man muss die Anzahl der Außenwände erhöhen. In Cura sind diese standardmäßig auf 2. Erhöhen auf 3 bis 4 sollte Abhilfe schaffen. Ggf. kann man zusätzlich die Infill-Geschwindigkeit sowie die Wandgeschwindigkeit verringern, damit die Düse die Übergänge „gerade bügeln“ kann.

7.9. Ausgebeulte Ecken – Elefantenfuß

Abbildung 49 Elefantenfuß

Beschreibung:

Der Druck hat an den Ecken unschöne Anhäufungen von Filament. Die Kanten sind nicht gerade.

Ursache:

Das heiße Filament kühlt nicht schnell genug ab und verläuft. Das Gewicht des Objekts drückt zusätzlich das noch zähflüssige Filament nach unten weg. Analog zum Warping, zieht sich das Material ungewollt zusammen, jedoch ist die Druckbetthaftung stark genug, sodass sich nicht die Ecken lösen, sondern unschöne Deformierungen entstehen.

Lösung:

Das Reduzieren der Temperatur, der Temperatur der ersten Schichten und des Heizbetts sollte Abhilfe schaffen. Man muss jedoch immer einen Kompromiss zwischen guter Druckplattenhaftung und dem Vermeiden von Elefantenfüßen finden. Ist die Temperatur zu niedrig, riskiert man Warping oder das Lösen des Drucks. Ist die Temperatur zu hoch, entstehen die beschriebenen Elefantenfüße. Auch hier kann das Leveln des Druckbetts helfen.

7.10. Das Druckbett lässt sich nicht leveln

Beschreibung:

Das Druckbett ist auf einer Seite deutlich höher als auf der anderen. Selbst wenn auf die Stellschrauben auf einer Seite komplett zugedreht und auf der gegenüberliegenden Seite komplett aufgedreht sind, reicht es nicht aus, dass die Düse überall gleichmäßig vom Druckbett entfernt ist.

Ursache:

Die x-Achse an sich ist schief, bzw. auf einer Seite ist die Achse höher aufgehängt als auf der anderen. Hierbei handelt es sich um ein mechanisches Problem. Tritt es häufiger auf, dreht ein Motor langsamer als der andere, dementsprechend ist der Motor oder der Motortreiber defekt.

Lösung:

Softwaremäßig die Motoren deaktivieren und das Kabel der z-Motoren lösen. Vorsichtig (!) die Motoren mit der Hand drehen, sodass die niedrigere Seite angehoben wird. Anschließend alles wieder anschließen und testen. Falls das Problem weiterhin besteht, das Prozedere wiederholen.

Bei fast allen Druckern kann man ebenfalls den z-Endstop in der Höhe verstellen, falls die Düse allgemein zu weit vom Druckbett entfernt ist.

8. Geschenkidee: Lithophane-Bilder

8.1 Lithophane – was, wie, warum?

Bevor die konkrete Umsetzung beschrieben wird, werden die verschiedenen Begrifflichkeiten aufgeschlüsselt. Was ist Lithophanie überhaupt?

Lithophanie beschreibt die Kunst bzw. die Technik der Darstellung des Reliefs eines Objektes. Ein Lithophane hingegen ist die konkrete Realisierung, also beispielsweise das angefertigte Bild. Das Wort Lithophane, zu Deutsch auch Lichtschirmbild, leitet sich wie so viele Fachbegriffe vom altgriechischen Wort lithos (Stein) und phainein (leuchten) ab. Die Kunst der Lithophanie ist älter als man zunächst denken mag. Das erste Patent wurde 1827 in Paris ausgestellt. Damals natürlich nicht aus einem 3D-Drucker, sondern aus Porzellan. Beispiel eines Lithophane-Bilds aus dem 3D-Drucker:

Abbildung 50 Lithophane ohne Beleuchtung

An dem gedruckten Bild ohne Hintergrundbeleuchtung erahnt man bereits die Umrisse, beeindruckend wird der Effekt jedoch erst, wenn das Bild von hinten belichtet wird:

Abbildung 51 Lithophane mit Beleuchtung

Lithophane Bilder sind perfekt als Geschenk oder zur Dekoration. Jedes Lithophane ist einzigartig und individuell. Man kann nahezu jedes Bild verewigen. Lithophane Bilder können sehr hoch auflösen und mittels jeder erdenklichen Lichtquelle von Sonnenlicht bis LEDs beleuchtet werden.
Aber wie bekommt man aus einem normalen Bild eine Datei, die gedruckt und beleuchtet werden kann? Mittlerweile gibt es Programme, in denen man lediglich das Bild hochlädt und eine Datei zum Drucken zurückbekommt, jedoch steckt in diesen Programmen keine Magie, sondern lediglich einfache Berechnungen. Falls die Erläuterung zu mathematiklastig ist, kann diesen Abschnitt übersprungen und direkt zur konkreten Umsetzung übergegangen

werden.

Die Funktionsweise dieser Programme ist relativ einfach. Zunächst wird ein Bild ausgewählt, das man später als Datei drucken möchte. Anschließend werden die Farbkanäle entfernt, sodass nur noch ein monochromes Bild überbleibt (das ist auch bei Lithophane-Software der erste Schritt, der für den Nutzer unbemerkt bleibt).

Die rudimentärste aber gleichzeitig qualitativ schlechteste Methode ist, die Farbe aus dem Bild zu nehmen. Das geschieht, indem man die Werte für Rot, Grün und Blau zusammenrechnet und durch drei teilt:

$$Graustufe = \frac{\mathrm{R+G+B}}{3}$$

Dieses Prinzip kommt beispielsweise in Bildbearbeitungsprogrammen zum Einsatz, wenn man einfach den Sättigungsregler auf 0 stellt.
Ein besserer Ansatz ist eine „gewichtete Graustufen-Umrechnung“. Diese berücksichtigt, dass das menschliche Auge für einzelne Farbanteile empfindlicher ist als für andere. Beispielsweise wird ein hell-intensives Grün deutlicher stärker wahrgenommen als die vergleichbaren Werte von Blau oder Rot. Bei der gewichteten Graustufenumrechnung ergibt sich der Grauwert aus:

$$Grauwert = \frac{0{,}21 * R + 0{,}72 * G + 0{,}07 * B}{3}$$

Diese Transformation wird üblicherweise in Programmen verwendet, wenn man ein farbiges Bild in Graustufen umrechnet.
Anschließend wird aus dem unteren (modalen) Grauwert, der Helligkeitsintensität, eine Dicke des Bildes zugeordnet. Das dient dazu, dass das beleuchtete Objekt später an den dünneren Stellen mehr Licht durchlässt und so der Relief-Effekt entsteht.

Es wird angenommen, dass das Bild einen 8-Bit-Graubereich ausfüllt; jeder Pixel besitzt einen Wert von 0 (komplett schwarz) bis maximal 255 (weiß). Jetzt muss die maximale und minimale Dicke des Lithophanes angeben werden. Das Programm rechnet für jeden Pixel die dazugehörige Wandstärke aus.

Es ist zu beachten, dass eine dickere Filamentwand weniger Licht durchlässt, daher wird mit folgenden Werten gerechnet.

Minimale Dicke: 0,8 mm

Maximale Dicke 3 mm

Der Wert 0 für Schwarz wird also auf 3 mm gemappt. Der Wert 255 (weiß) auf 0,8 mm. Alles dazwischen entspricht einer linearen Transformation.

In unserem Fall also:

$$Dicke = 3mm - \frac{(3mm - 0{,}8mm)}{255} * Grauwert$$

8.2 Konkrete Umsetzung:

Die Auswahl des richtigen Bilds und Vorbereitung:

Nachdem bekannt ist, wie die Kunst der Lithophanie funktioniert, wird als Nächstes die konkrete Umsetzung behandelt.

Prinzipiell kann man jedes Bild verwenden, es wird mehr oder weniger gut aussehen. Meistens hat man jedoch mehrere Bilder zur Auswahl und mit der Auswahl des richtigen Bildes kann man den Effekt noch einmal deutlich verstärken. Besonders gut geeignet sind Bilder, die ein hohes Helligkeitsspektrum abdecken und sehr kontrastreich sind. Bei hohem Kontrast kommt der Lithophane-Effekt am besten zur Geltung.

Das Vorbereiten des Bilds ist kein Muss, aber man kann das Ergebnis noch um einiges verbessern; vor allem erkennt man bei der Vorbereitung schnell, ob sich das Bild gut für den 3D-Druck eignet. Der erste Schritt sollte also die

Konvertierung in Graustufen sein (nicht Farbsättigung entfernen). Der Unterschied ist nicht groß, aber sichtbar. So kann man am monochromen Bild schon einmal erkennen, ob es sich gut für einen Lithophanedruck eignet.

Anschließend kann der Kontrast erhöht oder mittels professioneller Software eine manuelle Schwarzwertanpassung (ggf. automatische Tonwertkorrektur genannt) vorgenommen werden. Die Schärfe und Auflösung sollte beibehalten werden oder könnte sogar reduziert werden, um Bildrauschen zu minimieren.

8.3 Das richtige Filament

Das richtige Filament kann einen großen Unterschied ausmachen. Bei der Auswahl des Materials gibt es prinzipiell keine Einschränkungen. PLA ist am einfachsten zu drucken. Mit PLA kann man, dank hoher Auflösung und niedriger Schichtdicke, gute Effekte erziehen. Manchmal kommt es jedoch vor, dass das Material auch hitzebeständig sein sollte, z. B. beim Drucken eines Lampenschirms oder eines Teelichts. Für hitzebeständige Projekte empfiehlt es sich auf PETG oder ABS zurückgreifen, auch wenn dann der Lithophanie-Effekt etwas schlechter ausfällt. Bei der allgemeinen Filament-Farbe empfiehlt sich weiß oder andere helle Farbtöne wie beige, hellblau, etc., Transparent ist nicht empfehlen.

Orientierung auf dem Druckbett:

Es ist wichtig, dass das Lithophane Bild hochkant gedruckt wird und nicht liegend. Das scheint zunächst nicht plausibel, jedoch hat der Drucker in x und y Richtung eine deutlich höhere Auflösung als in Z Richtung und es ergibt sich die Möglichkeit, das Motiv insgesamt zu wölben. Druckt man es liegend, ist eine Wölbung wegen des erforderlichen Supportes ausgeschlossen.
Der Effekt ist merklich besser. Es gibt auch Empfehlungen, das Lithophane entlang der y-Achse zu drucken. Meine persönlichen Versuche haben keinen

qualitativen Unterschied dargelegt.

8.4 Die Software

Es gibt viele verschiedene Programme, mit denen man ein Bild in eine STL Datei umwandeln kann. Am einfachsten ist es, das Bild in Cura zu importieren, jedoch empfiehlt es sich, eine externe Lösung zum Konvertieren des Bildes zu verwenden. Die beste und wohl gleichzeitig bekannteste Webseite ist http://3dp.rocks/lithophane/

Diese Website ist leicht zu bedienen und steht kostenlos zur Verfügung. Eine detaillierte Anleitung über die Einstellmöglichkeiten findet man online dort.

Die wichtigste Einstellung ist, das Bild unter „Image Settings“ auf „positiv“ zu stellen.

Neben diesen gibt es viele zusätzliche Optionen, wie einen optionalen Rand oder die Einstellmöglichkeit, wie viele Vektoren zur Berechnung eines Pixels herangezogen werden. Die Einstellungen für das Katzenbild:

Abbildung 51 Einstellungen 3dp.rocks

Damit das Lithophane ohne zusätzliche Stützen stehen kann, wird „outer Curve“ ausgewählt. Die folgende Datei verdeutlicht die Orientierung.

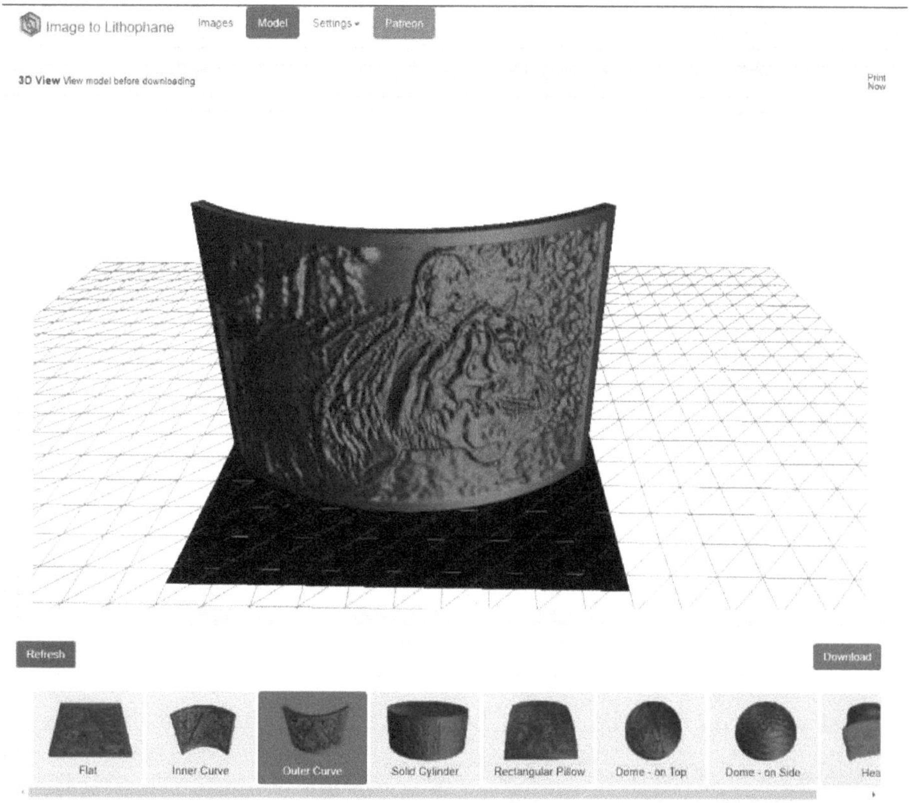

Abbildung 52 Vorschau Lithophane curved

Die Datei kann heruntergeladen und in den Slicer eingefügt werden. Als letzter Schritt vor dem Druck sind folgende Einstellungen.

Slicer Einstellungen:
Hier entscheidet es sich, wie gut der Lithophane-Effekt wirkt, ob Streifen oder Plopps im Bild erscheinen oder Ähnliches. Die Einstellungen werden für Cura erklärt, sind bei vielen Slicern identisch oder ähnlich. Allgemein kann

man sagen, dass ein Lithophane zu drucken eine sehr hohe Präzision von dem Drucker verlangt. Deshalb empfiehlt sich, vor dem Lithophane-Druck noch einmal genau zu checken, ob alle Riemen gespannt sind, alle Wägen leichtgängig und gerade ausgerichtet sind. Die wichtigsten Einstellungen werden nun einmal durchgegangen:

Schichtdicke:

Klar ist: je dünner eine Schicht, desto weniger sieht man die einzelnen Schichten. Jedoch muss man es auch nicht übertreiben. 0,1 - 0,2 mm ist vollkommen in Ordnung. Für kleinere Lithophane verwendet man 0,12 mm und für größere 0,2 mm Schichtdicke. Oft ist auch zu lesen, dass man ein Vielfaches der „Goldenen Zahl“ (bei den meisten Druckern 0,4 mm) des Druckers einstellen muss. Einen großen Unterschied wird man in der Praxis nicht feststellen. Für das Beispiel wird eine Schichtdicke von 0,12 mm verwendet.

Dicke der Außenwand:

Das Lithophane muss vollkommen solide, also zu 100 % gefüllt gedruckt werden. Entweder kann man das mit ganz normalen Außenwandparametern und 100 % Infill gewährleisten oder mit entsprechend großen Wandstärken. Vorteil der letzteren Methode ist, dass der Drucker nicht vibriert, weil kein Infill gedruckt wird, bei dem die Gefahr besteht, dass sich das Druckobjekt vom Druckbett lösen kann oder der Druck ungenauer wird.

Außerdem ist es ratsam, die Funktion „Ausgleich von Wand“ (Bezeichnung von Cura übernommen, bei anderen Slicern ähnlich) zu aktivieren. Für das Beispiel werden zehn Außenwände eingestellt. Das ist mehr als ausreichend.

Infill:

Der Parameter ist für diese Art des 3D-Drucks irrelevant. Da für das Lithophane lediglich Wände gedruckt werden, ergeben sowohl 0 %, 50 %, 99 % oder 100 % keine unterschiedlichen Ergebnisse beim G-Code.

Geschwindigkeit:

Die Geschwindigkeit ist ein sehr wichtiger Parameter. Allgemein müssen Lithophane sehr langsam gedruckt werden. Eine generelle Empfehlung ist schwer. 20 - 40 mm/s ist ein Richtwert, wiederum abhängig von der absoluten Größe des Lithophanes.

Wichtig dabei ist, dass man die Außenwandgeschwindigkeit anpasst. Dieser Wert ist bei den meistens Sclicern standardmäßig die halbe Druckgeschwindigkeit. Da jedoch einzig Wände gedruckt werden, ist die Wandgeschwindigkeit die „normale“ Druckgeschwindigkeit. Für das Lithophane wird 20 mm/s übernommen.

Haftungsunterstützung:

Vor allem bei dünnen, gewölbten Lithophanes, empfiehlt sich ein Brim anzulegen, damit die Haftung verbessert wird.

Falls die Druckplatte nicht optimal plan ist oder bereits deutliche Gebrauchsspuren aufweist, kann man statt des Brim ein Raft (s. 5.1, Bodengitter) drucken.

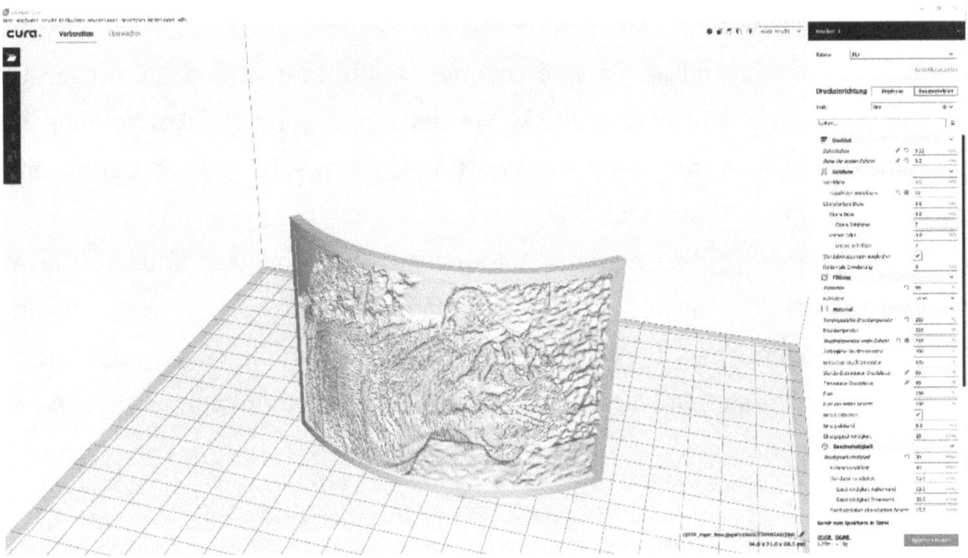

Abbildung 53 Vorschau in Cura

Zusammenfassung der Einstellungen:

-0,12 mm Schichtdicke

-10 Außenwände

-99 % Infill

-20 mm/s

-Brim (alternativ Raft)

-keine Stützstrukturen

Nachdem alle Einstellungen vorgenommen wurden, kann das Lithophane gedruckt werden. Dieses kann je nach Größe einige Stunden bis zu einem ganzen Tag benötigen. Bei dem kleinen 100 mm Beispiel-Lithophane der Katze dauert der Druck bereits 5:06 Stunden.

Aus Lithophane-Bildern kann man diverse Ideen ableiten. Es gibt viele weitere Einsatzmöglichkeiten, beispielsweise einen Hohlzylinder zu drucken und diesen als Nachttischlampe zu benutzen.

Abbildung 54 Lithophane Nachttischlampe

9. Zusammenfassung und Ausblick

Im Laufe dieses Einsteiger-Ratgebers wurden grundlegende Themen, wie die verschiedenen Fertigungsverfahren und der generelle Aufbau eines kartesischen 3D-Druckers, besprochen. Der Leser wird selbst bemerkt haben, dass die Technik, die sich hinter einem 3D-Drucker verbirgt, keine Raketenwissenschaft darstellt, jedoch schon etwas technisches Verständnis voraussetzt. Natürlich wird nicht erwartet, dass alle Einzelheiten, die in diesem Buch besprochen wurden, vollständig verinnerlicht wurden – getreu dem Motto „es ist noch kein Meister vom Himmel gefallen". Bei niemandem waren die ersten Drucke auf Anhieb perfekt. Vor allem beim Experimentieren werden Schwierigkeiten auftauchen. Es ist ein ständiger Lernprozess.

Nachdem das erste Modell gedruckt wurde, ist man bereit, weiter in die Welt des 3D-Drucks einzutauchen. Cura und andere Slicer bieten eine Vielfalt an Einstellungen, die es noch zu erkunden gilt. Es ist an der Zeit, die Einstellungen immer weiter an den Drucker anzupassen und noch viele schöne und individuelle Objekte zu drucken. Auch wenn einmal nicht alles rund läuft, können die häufigsten Fehlerursachen erkannt und korrigiert werden.
Der Kreativität sind keine Grenzen mehr gesetzt. Thingiverse und andere Plattformen bieten Modelle zum Drucken. Gegebenenfalls empfiehlt sich auch selbst ein CAD-Programm zu erlernen.

Gratis E-Book

Danke, dass du dir dieses Buch gekauft hast. Da der Buchdruck direkt von Amazon übernommen wird und ich keinen Einfluss auf die Qualität der Bilder habe, kann es sein, dass vereinzelt Details verloren gehen.
Deshalb biete ich beim Buchkauf das E-Book in Farbe gratis als PDF-Datei an. Dort finden sich alle Bilder hochauflösend, und man erhält immer die aktuelle Version.
Dazu schicke eine Nachricht mit dem Betreff „3D-Druck E-Book" sowie einen Screenshot des Kaufs oder einen Nachweis über die Bestellung an folgende E-Mail-Adresse (private Daten können geschwärzt sein):

BenjaminSpahic@pbd-verlag.de

Ich werde dir das E-Book umgehend zukommen lassen.
Wenn dir etwas fehlt, nicht gefallen hat, oder du Verbesserungsvorschläge bzw. Fragen hast, schreib mir gerne eine E-Mail.

Wenn dir das Buch gefallen hat, würde ich mich über eine positive Bewertung bei Amazon freuen. Das hilft der Sichtbarkeit des Buchs und ist das größte Lob, das ein Autor bekommen kann.

Dein Benjamin

Über den Autor

Benjamin Spahic ist ein aufstrebender Technik-Autor und Experte auf dem Gebiet der Elektrotechnik und Erneuerbaren Energien.
Benjamin ist zudem zertifizierter Energieberater und hat einen Master-Abschluss in der Informationstechnik mit Schwerpunkt auf Energietechnik und Erneuerbaren Energien.

Während seines Studiums war Benjamin als Schülerhilfe und ehrenamtlicher Nachhilfelehrer tätig. Gleichzeitig sammelte er praktische Erfahrung bei der Siemens AG am Standort Karlsruhe in der Hardware-Entwicklung.
Benjamin verwendet in seinen Büchern einer leicht verständlichen Sprache, um seine weitreichende Expertise zu vermitteln.

Seine Werke werden in diversen Schulen, Universitäten und Weiterbildungskursen verwendet. Zudem wurden zahlreiche seiner Werke übersetzt.
Benjamins Ziel ist es, preiswerte Bildung einer breiten Masse an Lesern zugänglich zu machen und dadurch die Expertise im Bereich der Technik zu fördern.

Bildernachweise:
Alle Bilder ohne Nachweis sind eigenerstellt oder sind mehrfach in einschlägigen Onlineshops verfügbar. Alle Bilder wurden mit Zustimmung des Rechteinhabers übernommen oder unterliegen der Creative Common Lizenz https://creativecommons.org/licenses/?lang=de.

Abbildung 1 Additiver 3D Druck von Beton_Photo by Ricardo Gomez Angel on Unsplash
Abbildung 2 kartesischer 3D Drucker_https://3d-drucker-portal.de/produkt/geeetech-a10-kaufen/
Abbildung 3 Polar 3D Drucker_https://3druck.com/drucker-und-produkte/polar-3d-3d-drucken-mittels-polarkoordinaten-0329906/

Abbildung 4 Delta 3D Drucker

Abbildung 5 Elegoo Neptune Front_https://www.amazon.de/gp/product/B07MX8B3WY
Abbildung 6 Standard 20 × 20 mm Aluprofil_https://aluprofile24.de/product_info.php?info=p2_strebenprofil-20×20-nut-6---zuschnitt.html
Abbildung 7 Einbruch der Rocama Narrow Brücke_https://www.rnz.de/panorama/magazin_artikel,-Magazin-Der-Wind-der-Wind-_arid,139578.html

Abbildung 8 Mainboard mit steckbaren Treibern und ATMega2560 Chip

Abbildung 9 ATMEGA2560 Mikroprozessor_https://pixabay.com/de/photos/arduino-atmega2560-mikrochip-2233042/
Da die Abbildung 10 Nema17 Schrittmotor_https://de.wikipedia.org/wiki/Datei:Schrittmotorfoto.jpg

Abbildung 11 Schematischer Aufbau eines Schrittmotor_https://www.motioncontroltips.com/faq-what-are-stepper-drives-and-how-do-they-work/
Abbildung 12 Vergleich Schrittmotoransteuerung_https://www.youtube.com/watch?v=Q0sJlGh9WNY

Abbildung 13 TMC2208 Chip_https://www.trinamic.com/products/integrated-circuits/details/tmc2208-la/
Abbildung 14 FYSET TMC2208 Treiber einstellen_https://wiki.fysetc.com/TMC2208/

Abbildung 16 Der Aufbau eines 3D Drucker Hotends – Infografik von Sercan Kahraman, CC-BY-SA; Bildquelle: threedom.de

FSC
www.fsc.org
MIX
Papier | Fördert
gute Waldnutzung
FSC® C083411

Kolibri 360 GmbH
Ferdinand-Jühlke-Straße 7
99095 Erfurt, Deutschland
produktsicherheit@kolibri360.de